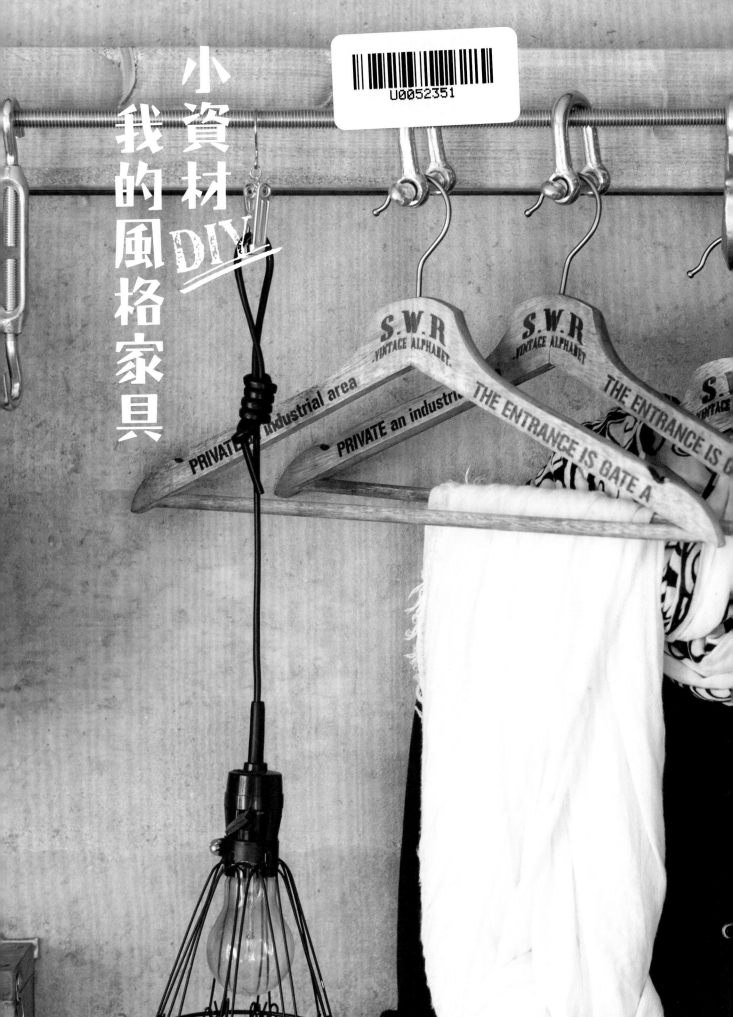

輕工業風 ╳ 木作 ╳ 雜貨

我的風格家具
小資材DIY

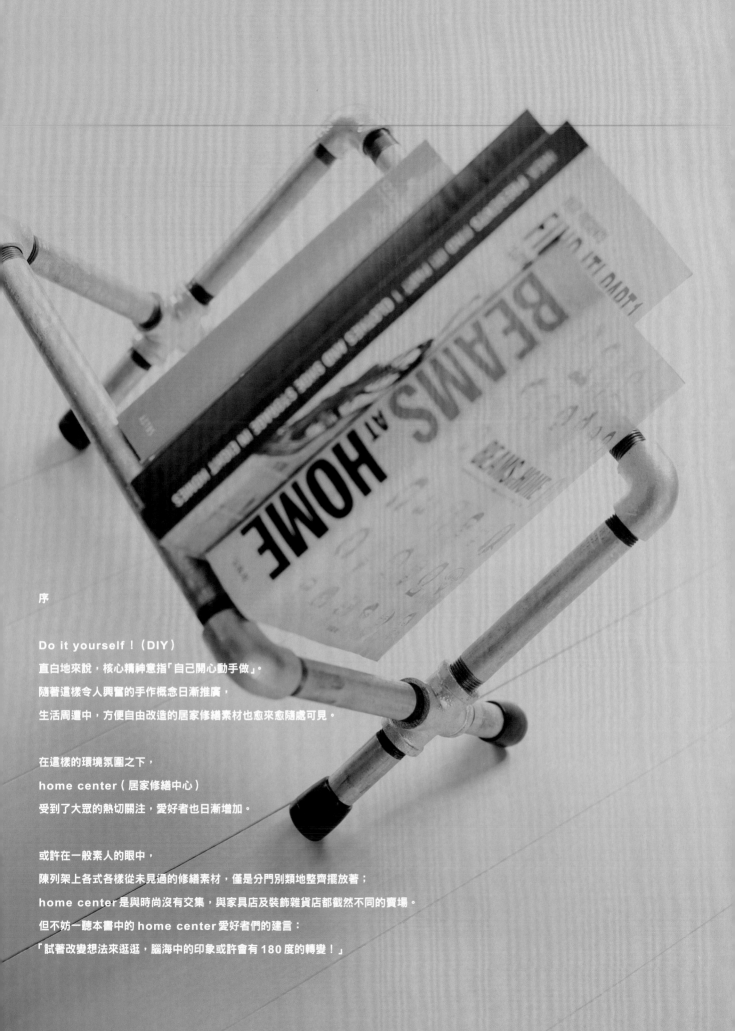

序

Do it yourself！（DIY）
直白地來說，核心精神意指「自己開心動手做」。
隨著這樣令人興奮的手作概念日漸推廣，
生活周遭中，方便自由改造的居家修繕素材也愈來愈隨處可見。

在這樣的環境氛圍之下，
home center（居家修繕中心）
受到了大眾的熱切關注，愛好者也日漸增加。

或許在一般素人的眼中，
陳列架上各式各樣從未見過的修繕素材，僅是分門別類地整齊擺放著；
home center 是與時尚沒有交集，與家具店及裝飾雜貨店都截然不同的賣場。
但不妨一聽本書中的 home center 愛好者們的建言：
「試著改變想法來逛逛，腦海中的印象或許會有 180 度的轉變！」

千萬不要抱持著「找尋時尚物件」的心情來逛 home center！

搜尋目標應放在──能激發想像力，造型獨特又便利的「素材」。

將款式簡單的業務用雜貨，加上一點創意改造變身：

「這個，好像可以用在什麼地方……」像這樣隨時刺激＆發掘靈感，

才是逛 home center 的必備精神。

此外，國外居家風格設計也是 home center 愛好者的絕佳範本。

像是將老宅 DIY 翻新成紐約風咖啡廳，或打造 LOFT 風格的藝術家私宅布置等，

試著仔細觀察這些房間內的時尚風格家具、居家裝潢、照明，

home center 常見的圓管、繩索、可作為骨架使用的全牙螺絲等物件，

都是被大量且頻繁應用的元素。

即使無法買到與喜歡的國外居家布置物件相同的品項，

也能試著結合對 home center 多樣商品的既備知識＆自由發想，

開啟一場靈感迸發的創意冒險。

沒有太多困難的技巧，

翻開本書，你一定能發現還未挖掘到的 home center 有趣之處。

不要預設「這是 DIY 愛好者才會做的事」，

就在這個週末，

實地走訪一趟鄰近的 home center 吧！

※Home center 是日本大型居家修繕中心的統稱，是如台灣特力屋的大型賣場。但亦可參考五金百貨、均一價商店等，自由找尋可改造利用的物件。

※書中使用 HC，作為 Home center 的簡稱。

CONTENTS

O1

應用home center商品
打造帥氣的個性家具&照明燈具

「喜愛國外居家設計風格,想打造出獨特且有品味的房間。」
對講究居家設計的時尚追求者而言,home center絕對是你的強力後援。
與其購買價格數萬的家具及照明,運用修繕素材&商品簡單地手作改裝DIY吧!
本單元將提供數名改裝達人們的房間作為參考,請務必試著挑戰看看。

STYLE

9
INCLUDES

STATE 35-62

The term 'complementary medicine' looks to describe any treatment
that is not orthodox. It includes well-known examples such as

1 將繩索（粗15mm）摺半，在對摺邊打單結，作出1個可吊掛的繩環。**2** 木板邊緣打洞，繩索穿過孔洞，在木板下方打結固定。

PVC塑膠管×木製家具的組合
總能激盪出帶點帥氣感的設計
製成原創家具＆照明燈具
也非常好玩有趣

AMITA MAKI　網田真希小姐

FURNITURE
01
LIGHT

在兩個「吊桿固定座」之間穿入鐵桿，以螺絲固定於牆面。堅固耐用，吊掛許多的鍋具及平底鍋也無需擔心。

使用HC物件打造一整面的牆面收納

使用角料支撐調節器與2×4角材，立起2支柱子；再安裝上橫條木板，打造出木質牆面。料理工具井然有序地吊掛排開，簡潔又俐落。

將系統廚房改裝成木質調廚房

蓋上配合流理檯面大小裁切的水泥用木模板。櫥櫃門貼上木紋壁紙。

滾筒刷漆桶變身咖啡廳收納櫃

1 在漆桶中加裝層板。**2** 側木板穿孔，裝入「全牙螺絲」作為紙巾掛桿。

水管造型3頭壁掛燈

在玻璃瓶蓋上打洞，裝入燈泡後，電線穿入「鐵立布」管內，從木板牆面後方穿出。

水槽瀝水架

以滾筒刷漆桶配件，方便滾筒刷去料的「滾刷網片」為瀝網。使用角材製作邊框，再自底部以螺絲固定滾刷網片，即完成瀝水板。

窗邊的繩索層架吧台，是我構思作
品時的心愛指定席。

回憶兒時，喜歡在閒暇時刻
DIY的爸爸，經常帶我到home
center。或許就是如此，我也自然
而然地愛上了手作。

結婚之前，我決定了新居的
家具要盡可能地自己製作。材料
當然是從home center購入；最重
要的是，想布置出布魯克林風格
的居家空間。起初的想法，是以
漆成黑鐵色的塑膠管為空間主
角，製作收納架及長凳。但與老
公商量後，最終將房間打造成美
式餐車風格。

而隨著家中養了貓咪室友
後，為免小貓在玩耍時製造危
險，我們清掉許多雜貨物件。以
此契機，我在窗邊設置了以繩索
及木板製成的收納架，鋪設木板
牆面，打造溫暖氛圍空間，改變
了居家擺設。改造成果也獲得老
公的讚賞，隨時可見與小貓窩在
一起悠閒休息的場景。

貼一面仿水泥牆的壁紙，順著橫柱
釘上橫條木板後，安裝照明及掛
鉤。如服飾店般的展示式收納，看
起來很時尚吧？

LITTLE
MIDDLE

位於寢室的儲衣空間
選用工業風零件打造掛鉤＆照明
布置出率性混搭的服飾店風格

最近進行改造的是寢室牆面。因應家中面臨收納空間不足的問題，使用角料支撐調節器架立柱子，再釘上橫條木板，打造能吊掛衣服及帽子的空間。此方法不會損壞房屋，很推薦租屋族運用。掛鉤歸屬於繩索類或鐵鍊類區域的金屬零件品項。

老公的物品收納在雞籠網片門板的層櫃中、飾品掛在沖孔板的飾品陳列架上，搭配以立布製作的聚光燈，營造出滿滿的復古情懷，整體成品令我不禁露出滿足的微笑。

使用滾刷網片製作置書架

以鐵鍊及鉸鍊，將木框安裝上「滾刷網片」。擺放綠色植栽或閱讀中的書籍，特別順手方便。

水桶燈罩

1 在鋁製水桶中放入「鐵製地板支架」，底部鎖螺絲固定。2 以「束帶」固定燈泡。

倒掛鐵絲燈罩的植栽吊籃

倒放室內作業燈外層的「鐵絲燈罩」，加裝4條鐵鍊，以「吊鉤」懸掛。

使用通風沖孔板製作飾品陳列架

組裝「PVC塑膠管」製作框架，以束帶固定「沖孔通風網板」。洞孔插入螺絲，代替掛鉤。

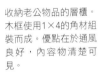

收納老公物品的層櫃。木框使用1×4的角材組裝而成。優點在於通風良好，內容物清楚可見。

五金吊具說明

左・鉤型的吊具是「吊鉤」。中・「卸扣」用於吊掛衣架。右・「伸縮器」用來勾掛帽子。

聚光燈的安裝

三邊有洞的是「三通接頭」、L型是「彎頭」、圓筒狀是「接頭」，這些都是接合立布的重要組裝零件。

因為擅長平面設計，除了設計LOGO的掛飾，也喜歡絹印。

1 我的工作室。桌子是使用建築鷹架用的圓管與木板組成。2 腦海中浮現想法時，我會先畫出設計圖存檔。

能挖掘到可以發揮創意的物件
＆將實用性物件改造成質感雜貨
──這就是HC的魅力！

製作「真正用得到的物件」
是我的手作原則

1 將立布、三通接頭、彎頭、接頭，塗黑＆組裝成型，再裝上木板、燈泡，製作手機架。2 使用「立布」組裝長蠟燭燭台。3 以「法蘭片」製作圓柱蠟燭燭台。4 將木板組合成L型，加裝「角鐵底座」作成牙刷架的點子，老公也覺得很驚訝。

我在進行手作時，格外重視物品的實用性。畢竟外觀漂亮但不實用，就太可惜了。此外還有一個堅持，是要作出時髦好看、其他地方買不到的物件。為了尋找有趣的素材，一週逛一次home center，搜集DIY元素的過程也令人感到趣味十足。

最近因著迷於製作照明及植栽吊籃等雜貨，老公回家時，我會一邊問他「看得出哪裡不一樣嗎？」一邊期待他找出我的新作品。我非常喜歡這樣的互動。當老公投以佩服的眼神回應我：「哇，這個金屬零件能這樣改造啊！」每當看到這樣的反應，內心總是開心又滿足。

現在我正在製作收納工具的櫃子，之後也想設計貓咪用的物件，想製作的物品還有好多好多。為了回饋空出一間房給我當工作室的老公，雖然家中只有2LDK的空間，但我要將居家空間打造得更加舒適！

使用塗料用漆桶
打造附集水收納桶的
輕便置傘架

結婚後，家中一直沒有擺放置傘架。因此，我設計了即使在狹小玄關也不佔空間的置傘架。主材料使用PVC塑膠管及塗料用漆桶，而值得一提的設計亮點，莫過於是摺疊傘也能輕鬆吊掛的3個橫握把。整體重量輕巧，使用時也能靈活地移動位置。

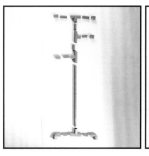

工具 & 材料
塑膠管（VP厚管）外徑26mm×長540mm 1支・70mm 2支・50mm 4支・40mm2支、底座用彎頭2個、三通接頭4個、管帽4個、C型管夾1個、塗料用漆桶、M4尺寸的35mm六角螺栓2支、華司2個、螺帽2個、100號砂紙、「底漆」、黑色噴漆、「油性消光透明漆」、電鑽、直徑3.5mm鑽頭、鉗子

4 乾燥後，噴上「油性消光透明漆」。只要確實進行此步驟，漆料就比較不容易剝落。

3 等待15分鐘左右，「底漆」乾燥後，以黑色噴漆上色。噴漆不會產生上色不均的狀況，推薦使用。

2 為了讓塗料更容易上漆，在PVC塑膠管材及金屬表面先噴「底漆」。為「PVC塑膠管」上色之前，務必執行此步驟。

1 以砂紙將零件整體表面磨出痕跡。此步驟能讓塗料容易上色。

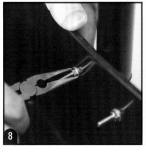

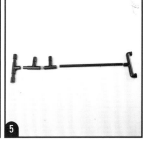

8 自漆桶內側凸出的螺絲端套入「華司」，再以鉗子鎖緊螺帽即完成。

7 「C型管夾」對齊左右洞口，插入「六角螺栓」。建議安裝在正中央稍微偏上的位置，傘架會比較穩固。

6 以「C型管夾」包夾長管，手扶固定於漆桶外側，再在螺絲位置以電鑽開孔。

5 組裝零件。依圖示組接握把、吊掛橫桿、長管，緊密地嵌合各個零件，組接整體。

外框選用PVC塑膠管
優點在於重量輕盈好推動
完全沒有外觀以為的沉重感

我們家的廚房因空間狹小,有收納不足的困擾。為了解決這個問題,製作了收納推車。由於是直接以附腳輪的台車為基體,組裝工序也較簡單。成品好推動、輕巧不佔空間,瞬間減輕了拿取材料的不便及壓力。

廚房收納推車作法

工具&材料

電鑽、引孔鑽頭、寬89×厚19×長450mm的木板4片、30×19×120mm的木板4片、外徑26×長200mm塑膠管(VP厚管)17支、彎頭8個、三通接頭6個、內徑26mmC型管夾4個、縱向300×橫向450mm的台車、19mm・35mm・45mm木螺絲、油性木材著色劑、「底漆」、黑色噴漆、「油性消光透明漆」

6 在安裝於層板的H型組件上,插入步驟1的ㄇ字型組件。層板的另一側也以相同方式進行,並使左右高度一致。

5 將層板翻至底側面,在木材橫切面起算30mm處,放上H型組件,從直管側打入45mm木螺絲鎖緊固定。

4 以電鑽在直管上鑽出組裝層板的螺絲孔。各H型組件皆打2個孔。

3 對齊2片450mm木板,在木材橫切面起算100mm處放上120mm木條,以35mm木螺絲鎖緊固定。共製作2組。

2 使用2個「三通接頭」與1支直管,製作H型組件,並調整插入的深度,對齊ㄇ字型零件寬幅。共製作3組。

1 依p.15步驟1至4順序組裝,組合完成上色的2個「彎頭」及3支直管,作出ㄇ字型。共製作4組。

 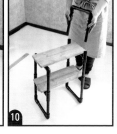   

11 將步驟10放置在台車上,以C型管夾壓住直管,打入19mm木螺絲鎖緊固定於台車,完成!

10 將步驟9轉正,在「三通接頭」上插入步驟1的ㄇ字型組件,確實卡緊固定。

9 另一片層板底側面朝上放置,再將步驟8倒放在層板上。在直管上打螺絲孔,並以45mm木螺絲鎖緊固定。

8 另一側H型的「三通接頭」插入步驟1的ㄇ字型組件。檢視整體平衡,調整至左右橫向直管高度一致。

7 翻轉步驟6的組件,將H型組件的2個「三通接頭」各插入1支直管,上方再插入H型零件。

運用金屬零件組合木板
發運C型夾形狀特徵
改造成個性掛鉤

C型夾是組合2片木板時，固定木板的輔助工具。因為覺得外形頗為可愛，試著製成C型夾掛鉤，意外地成為了設計亮點！黑色的鐵製材質醞釀出成熟穩重的韻味，使整體設計呈現復古店舖風格，也為收納增添樂趣。

1 木板組合成L型，可以在上方擺設裝飾物。 2 利用厚實的鐵掛鉤，營造出我喜歡的帥氣設計感。

C型夾掛鉤架作法

  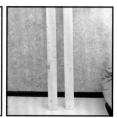

工具 & 材料
電鑽、直徑11mm電鑽鑽頭、瓦斯噴槍、扳手、量尺、長90mmC型夾5個、內徑10mm華司‧螺帽各10個、寬89×高19×長1200mm木板2片、寬30mm內角鐵2個、長19mm圓頭木螺絲16個、水性木器著色劑、海棉、抹布

5 先將「C型夾」的螺桿依次套入螺帽及華司後，插入木板洞孔中，再從木板另一側的螺桿端穿入C型夾、華司、螺帽。

4 在記號處以電鑽打洞。因為要貫穿木頭，為免傷害地板，請在板子下方加墊一塊木材。

3 鑽出穿入「C型夾」螺桿的洞。先以木板邊緣起算30mm處為基準起點，再於間隔200mm的位置作記號。

2 加上燒焦痕跡。以瓦斯噴槍火烤，呈現古木材的質感。瓦斯噴槍操作危險，請在屋外作業。

1 以海棉沾附胡桃色水性木器著色劑，將2片木板整體順著木紋少量地上漆，再以抹布擦拭均勻。

9 仿舊感的C型夾掛鉤架完成！結構 & 作法是不是意外簡單呢？

8 將裝上C型夾的木板與另一片木板，對齊邊緣組合成L型，在內側邊角處放置「內角鐵」，以木螺絲鎖緊固定。

7 確認「C型夾」的方向是否一致。保持同一方向，外觀看起來才會整齊美麗。

6 僅以手轉緊螺帽，容易鬆脫，請務必以扳手轉緊固定，確實夾住木板。

卸下層板，就可以輕鬆收納長條木板。整體以胡桃色水性木器著色劑上色。

仿鐵管邊框置物櫃作法

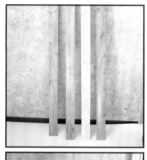

工具＆材料

A：寬89×高19×長1829mm木板15片、B：44.5×19×1829mm木板2片、C：89×19×356mm木板16片、D：30×19×356mm木板12片、E：30×19×267mm木板5片、F：外徑26mm塑膠管（VP厚管）346mm 4支、G：外徑26mm塑膠管（VP厚管）900mm 8支、接管4個、彎頭8個、250×270mm滾刷網片、腳輪4個、把手、鉸練2個、打掛鎖1組、19mm・35mm・51mm木螺絲、電鑽、引孔鑽頭、線鋸、切管器、100號砂紙

若直接擺設不繡鋼置物櫃似乎有點平淡無味⋯⋯混搭木板＆鐵製材質會如何呢？

為了將工作室中的紙張、螺絲等零散物品整理在一起，而製作了置物櫃。將PVC塑膠管改造成鐵框質感，作成木板的裝飾框，這應該是獨一無二的設計吧？雖然高度略高，但寬度及深度相對輕巧，就能使整體簡便不佔空間。加裝腳輪後，打掃或改裝也更加輕鬆。

 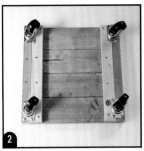  

4 以直管F與2個「彎頭」組成ㄇ字型，共準備4組。再以「接頭」連接2支直管G，共準備4組。

3 並排4片C，對齊切邊放上D，鎖入35mm木螺絲固定。另一側也以同樣鎖上D。完成頂板。

2 並排4片C，對齊切邊放上2片D，鎖入35mm木螺絲固定。另一側也以同樣鎖上2片D。再於4個邊角處以螺絲固定腳輪。完成底板。

1 側板：並排4片A，在上方起算600mm處、下方起算560mm處，各以木螺絲鎖上D。背板：並排4片A，沿著上下切邊各鎖上D。

8 背板嵌入兩片側板的邊框之間，以密集的間距鎖入51mm木螺絲固定。

7 底板&頂板置於側板邊框內側，以螺絲鎖緊固定。作業時，可在側板下方空間放入書或木材餘料作支撐，以免木板晃動。

6 將側板裝上邊框。以電鑽鑽出螺絲孔後，鎖入51mm木螺絲固定。以相同方式製作另一片側板。

5 將步驟4上色（參考p.15步驟1至4），圍繞步驟1製作完成的側板一圈。視實際組裝狀況，修剪過長的多餘管材。

12 並排木板A，對齊橫切面放上E後，鎖入35mm木螺絲固定。再在窗戶的上下側&從下方起算600mm處的位置，以螺絲固定木板E。

11 在窗戶位置以螺絲鎖上「滾刷網片」。重點在於以斜向方式打入安裝用螺絲，讓螺絲頭能勾掛在網眼上。

10 以線鋸沿描出的邊線內側20mm處切割，製作窗戶。以100號砂紙磨平切面毛邊，使表面平滑。

9 並排3片木板A，在上方起算240mm處放置「滾刷網片」，以筆描畫邊線。或依喜好改變窗戶位置也OK。

16 依自己的喜好決定位置，將把手&打掛鎖以隨附的螺絲鎖緊固定。櫃內放入層板，簡約輕巧的置物櫃完成！

15 安裝門片。在門片表面的左側邊以19mm木螺絲鎖上鉸鍊後，再與木板B接連固定。安裝高度可依喜好調整。

14 橫放櫃子，木板B與底板的橫切面對齊，從塑膠管側鎖入木螺絲固定。相反側也以相同方式安裝。

13 立起櫃子，確認是否呈垂直站立。2片木板B放於兩側邊框，決定螺絲位置。

我在入住新家第二年啟動了DIY計畫
懷抱著將空間改造成LOFT風格的想法
為了找尋能派上用場的物件
仔細地逛遍了HC的每個角落

MISUMI YUKIKO　三隅由紀子小姐

入住新家第二年，我開始計畫改造自己的家。究其原因，竟是之前空間設計選用的優雅風格與自己的個性不合，怎麼適應都無法習慣。此時偶然看到紐約照片中出現的鐵製廚房收納架，卻讓我一見鍾情，因此下定決心將空間改造成冷調的紐約風格。雖然有這樣的想法，但不能花大錢，我又還是DIY的初學者，想想還是先到home center考察一番。

自此，從眼目結舌於種類豐富的螺絲開始，我邁上了製作簡單家具的DIY之路。

當我找不到預想的素材時，總一邊逛著home center，一邊思考能以什麼東西替使用？塗上顏色就能營造出鐵件元素的設計吧。如今，女兒也說像著畫面也別有樂趣。「請幫我的房間改造成帥氣風格。」看來，我的居家改造才剛開始呢！

擅長搭配組合木板及金屬素材來製作家具。家具＆雜貨作品販售網站http：//www.ypkworks.com

使用螺絲收納袋製作壁掛袋

在螺絲收納袋的下緣處打上雞眼釦，即可連接兩個袋子，作成壁掛袋。因為是天然素材，所以也很適合擺放綠色植栽。

使用壽司桶製作圓形製物架

在壽司桶中央放入層板，以螺絲固定，製作裝飾架。塗料使用「WATCO木器塗飾油」的漂流木色。

改造HC小物件，裝飾植栽

使用壽司桶、螺絲收納袋、木材餘料與「ㄇ字釘」，試著在牆面裝飾綠色植栽。所有物件都是在HC購入的商品。

植栽掛架

吊掛苔球的物件是固定雨水槽零件。以角鐵包夾零件底部＆木板，鎖緊固定後，再以木螺絲固定於層板上。

使用麻袋製作抱枕

使用模版在麻袋上拓刷LOGO，塞入枕心，摺疊袋口就完成了！柔軟的觸感＆沉穩的色調令我愛不釋手。

收納抱枕的箱型收納推車＆參考古董設計的推車茶几，都以在HC購買的物件製作而成。

洗衣籃推車是我的得力
夥伴，為衛浴空間引入
帥氣又穩重的氛圍。牆
面的毛巾架使用立布製
作而成。

改造臥室時，使用立布製作了邊桌＆雜誌收納架，連帶帽子掛架也是「立布」系列的作品。

使用直立配管零件製作花器

右・「固定底座」塗上黑色的仿石噴漆。左・以「直立配管用夾環」與75mm的「T字型腳座」固定燒杯，再鎖在2個長200mm的「T字型腳座」上，固定於桌面。

立布 相框展示架

帶有鑄鐵質感的冷調相框。以L型「彎頭」作為前擋支架，是我靈光一閃的創意！

立布 雜誌收納架

選用兩端帶有螺紋外牙的鐵直管「立布」，以「彎頭」及「三通接頭」等管件連接，組裝管架。

空間設計元素
兼容溫暖木質調×冷冽金屬配件
避免過於剛硬使人無法放鬆
展現可愛又不失成熟韻味的個人風格

製作家具及雜貨時，我的風格傾向於木材與金屬素材的混搭。只使用木材，似乎太過質樸；即使喜歡鑄鐵物件的質感，單一風格又容易給人太過冷冽的印象。家是要讓家人放鬆休憩的場所，因此打造出能讓人感受到溫度的空間最為重要。鐵立布是工業風中也屬運用立布材，我家的空間中也屬運用立布，鐵立布是工業風的代表性素材，我家的空間……

以木棧板打造收納架及掛架區，並安裝「洞洞板」方便收納小物。無塗裝的板材，傳遞出溫暖質感。

23

洞洞板的收納應用

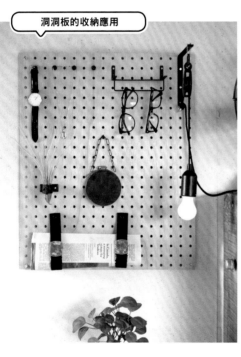

從孔洞背面插入「六角螺栓」作為掛鉤使用。多虧了這片洞洞板，讓我再也不會找不到眼鏡及手錶！

使用直立配管零件製作植栽架

以長30mm的「直立配管用夾環」夾住長75mm的「T字型腳座」，以螺絲固定。再以螺栓安裝於「洞洞板」，插上空氣鳳梨裝飾。

使用管束製作壁掛鏡

以直徑10cm的「管束」框住圓形鏡子，簡單即可固定。加上鐵鍊後，吊掛在插於洞洞板的螺絲上方。

使用皮帶製作報紙收納架

在裁成40cm的皮帶兩端以電鑽鑽孔，穿入「六角螺栓」後，在洞洞板背面鎖上螺帽固定。皮帶扣頭塗上鐵繡色。

的組裝作品最多了！此外，在家具上使用模版印刷，打造帶有貨櫃風格的家具，也是我常用於打造個性感的愛用技巧。

開始逛home center之後，製作花器及書架等居家雜貨的頻率明顯增加。除了本來就喜歡製作費工夫的物件之外，看到各式各樣的零件及金屬配件，腦海中也不斷湧出創意想法。像是固定用的腳座一塗黑後，就變身成了花器。對喜歡改變居家設計，看膩了就想動手改造的我而言，home center物件確實是極好發揮＆改造的素材！

一直很想動手製作的
復古風洗衣籃推車完成！
使用上也十分順手

至今使用的洗衣籃都是擺放在地上的款式，但對身高較高的我來說，尤其不方便。因此製作了外國式的推車款。設計重點在能配合洗衣籃調整寬幅，卸下洗衣籃後還能摺疊收納，創造不佔空間的優點。以往覺得麻煩的洗衣家事，如今都變得流暢有效率了！

洗衣籃推車作法

工具＆材料

寬38×高19×長910mm木板4片、全牙螺絲（w5/8長395mm・420mm）、（M10長370mm・410mm・450mm490mm各1支）、M10（六角螺帽14個・六角螺栓2個）、 W5/8六角螺帽4個、M10華司2個、W5/8圓蓋螺帽4個、直徑100mm培林輪4個、塗料、電鑽、直徑12mm・16mm鑽頭、扳手、「WATCO木器塗飾油」、海棉、抹布

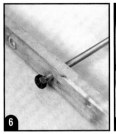

6

在2片木板上端365mm處的洞口穿入長370mm的「全牙螺絲」，從外側鎖上螺帽，作為洗衣籃的底托架。

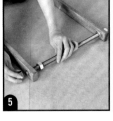

5

395mm「全牙螺絲」先鎖入螺帽，穿過木板上端30mm處的洞後，在木板外側安裝「圓蓋螺帽」。另一側也依相同方式安裝。

4

塗料乾燥後，為免組裝時錯放木板方向，先對齊洞口位置並排備用。

3

染色。以海棉塗上「WATCO木器塗飾油」的漂流木色，再以抹布擦拭。可依喜好調整顏色濃淡。

2

打洞。只有上端起算30mm的洞口直徑為16mm，其他3處洞口直徑皆為12mm。下方放置墊底木板，垂直打洞。

1

在打洞位置作記號。取距木板上端30mm、365mm、455mm，及距下端40mm處，在中央位置作記號。共製作4支。

12

放上洗衣籃，將底托架作最後調整。建議以扳手鎖緊螺帽，比較輕鬆。

11

兩側皆以「六角螺栓」及螺帽組裝固定，再一邊鎖緊螺帽、一邊調整開合大小，使洗衣籃能穩固站立。

10

外框及內框交叉組合。對齊455mm的洞口位置，洞口插入「六角螺栓」，以華司及螺帽固定。

9

依相同作法順序組裝另一個框架。上端兩個洞依序穿入420mm、410mm，下端邊緣的洞穿入490mm的「全牙螺絲」。

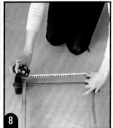

8

調整框架內側長度。使內長統一為320mm，以螺帽調整車輪軸、洗衣籃底托、把手的寬長。

7

450mm「全牙螺絲」先鎖入螺帽，穿過木板下端邊緣洞口後，在外側裝入車輪，並鎖上螺帽固定。另一側也依相同方式安裝。

立布組件容易給人冷冽的印象
因此加上圓形桌板，柔和氛圍
設計重點在於桌腳的十字交叉組合

因為之前一直都將塗料桶當作床頭邊桌使用，決定替換時就想作一個比較正式的邊桌。組裝裁切好的圓形桌板與立布桌腳，大約2個小時就能完工。圓形桌板為冷調的空間融入柔和的氣氛，令我十分滿意。

床頭邊桌作法

工具&材料
SPF材（寬89×厚19×長410mm 5片・38×19×320mm 2片）、15A白鐵立布（長300mm・200mm・100mm各4支）、15A法蘭片・三通接頭各4個、15A四通接頭1個、21mm橡膠椅腳套4個、33mm木螺絲16個、25mm六角自攻螺絲16個、「WATCO木器塗飾油」、海棉、抹布、電鋸、電鑽、水管鉗、鉛筆、100號砂紙

6 製作連接4支桌腳的組件。以「四通接頭」連接4支「立布」，組出十字狀。

5 製作桌腳。以「三通接頭」連接300mm與200mm的「立布」。共製作4支，並確認長度一致。

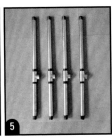

4 取100號砂紙磨平裁切邊。以海棉將桌板塗上「WATCO木器塗飾油」的漂流木色。

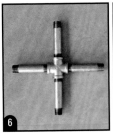

3 將桌板放於台子上，沿著記號以電鋸裁切。作業時會劇烈振動，以腳壓住木板會比較穩定。

2 以鉛筆畫圓。桌板翻至背面，描畫出直徑400mm圓形。在此使用「塗料桶」的蓋子。

1 並排5片410mm的木板，以木工用接著劑黏合。自橫切面起算120mm、木邊起算62.5mm處，以螺絲固定320mm木板。

12 桌板底側朝上，取整體平衡的位置放上倒向的桌腳，以「六角自攻螺絲」將「法蘭片」固定在桌板上。

11 將桌板放於「法蘭片」上方，微調桌腳長度至使桌板呈現水平。若有水平器可更精確地檢視。

10 為了連接桌板與桌腳，在200mm「立布」的前端安裝「法蘭片」。4支全部安裝，並使高度一致。

9 將桌腳長度調整一致。以水管鉗微調鬆緊度。在桌腳底端裝上椅腳套。

8 其他3支桌腳各自與十字組件的「立布」連接。組裝完第2支桌腳後，改成旋轉桌腳進行鎖緊。

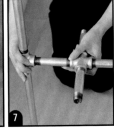

7 桌腳連接十字。將十字組件的「立布」與桌腳的「三通接頭」鎖緊。因為重量較重，橫放作業也OK。

**選用農業用竹籃
製作收納籃**

1個約500日圓，比在家飾店購買的設計商品划算許多。簡單的竹籃以噴漆塗上兩種顏色。

**使用迷你螺栓
製作CD架**

這是在老家時想到的創意。只要在木板上固定8個24mm的螺栓，就能夾住2片CD盒。

新家不算寬敞的2DK空間，就憑智慧及創意來克服收納問題！
我喜歡的home center是「CAINZ」。

**FURNITURE
03
LIGHT**

**使用鐵製架高地板支架
製作客廳茶几**

將「鐵製架高地板支架」當作桌腳使用，即使是初學者也能簡單完成茶几。桌板是以SPF板材，交錯排列地貼合成格子棋盤圖案。

雖然喜歡男孩子氣的居家裝飾
在生了小孩之後
不免盡量選用輕巧及安全的素材
以繩索製作的美西海岸風照明也是其一作品

KOMATSU ERIKA   小松依里佳小姐

小巧的廚房空間
善用洞洞板進行牆面收納

餐廚合一空間無法擺放桌子，就架設一張不繡鋼台面，並利用「洞洞板」吊掛收納廚房用具。

洞洞板的收納方法

以圖釘及鐵絲將「洞洞板」固定於門框，搭配專用掛鈎即可自由且便利地掛上各式用具。

使用立布製作濾杯架

平常是糖及奶精罐的收納空間。在架子上方放濾杯，下方放杯子，秒變濾杯架！

DIY立布作業燈

在知道「PVC塑膠管」材料之前，「立布」是我最愛的素材。將電線穿入管子中，完成簡單製作的作業燈。

以園藝用苔草
製作字母裝飾

將紙板裁剪出字母的形狀，再以白膠將在園藝區找到的「苔草」濃密地貼在字母紙板上。

從住在老家的時候開始，我就很喜歡變換居家裝飾。結婚後搬入現在居住的租賃房子，也仍然每天樂在其中地製作著居家雜貨。

職人用的建材及零件是我一貫鍾愛的元素。從我進入工科高中起，逛home center頻率一直很高。看著分門別類的賣場，邊走邊逛就能讓我覺得興奮不已。對我來說，home center就是「創意的泉源」。

最近因女兒出生，開始想改變一直以來以工業風格為主的居家裝潢。不經意地逛到農業區時，發現了竹製的「採收籃」！便宜又輕巧，只要以噴漆咻咻咻地上色，整體感覺立刻煥然一新。每次走入平常不會逛的賣場，總會發現很多新鮮的物件，怎麼逛都不會膩。因此即使喜好改變，喜歡逛home center的習慣未來也將持續下去。

PVC塑膠管＆繩索是我近期的愛用素材
加工時不會發出聲響，材質輕便，可安心使用
照顧小孩的空檔也能享受手作的樂趣

配合木棧板床高度
手作展示用桌

1 使用「鐵製地板支架」製作桌腳，完成高度32cm的矮桌。 2 以「千斤頂底座」的底部與「圓管底座」相連的圓桌。

結合木材×金屬片
製作名片立夾

底座是SIMPSON五金零件「木材連接金屬片」。重疊兩片「一字型固定鐵片」夾住名片，再以內角鐵固定於底座。

使用繩索
製作繩編收納缽

1 取粗6mm繩索螺旋狀地繞圓＆往上堆疊，並以熱熔膠槍黏合，作出收納缽。 2 將繩索隨意地捲上毛線作為裝飾。

編結麻繩
製作植栽吊具

以園藝用麻繩打出花邊結，DIY國外居家布置常見的花草植物吊缽繩結。

使用繩索
製作桌燈

繩索使用防止貨物滑落的麻製「貨車細物繩」，材質堅固。特別喜歡粗繩＆顏色呈現的質樸感。

女兒出生後3個月，終於習慣了有嬰兒的生活。但是與以往不同，在睡著的女兒身旁，即使想要進行DIY，也無法製作大型物件或進行會發出聲響的作業。

到home center找尋目前適用的商品時，繩索吸引了我的注意。以畫圓方式纏繞，並以熱熔膠槍固定，就能製作出收納缽，也可以用於小型雜貨的改造！正好適合最近喜歡的美西居家裝潢風格。此外，現在也是挑戰製作簡單的塑膠管雜貨的絕佳時機。

因房間空間狹小，不適合擺放有高度的家具。也不使用深色物件，保持空間中的素材及顏色調性一致，呈現清爽氣息。

HC中的繩索及繩子品項豐富
只要使用熱熔膠槍
就能變化出各種雜貨

繩索賣場備有各種用途及材質的繩索。其中，我喜歡的「貨車綑物繩」，顏色及素材都很符合海外居家裝潢的感覺！使用市售燈罩，就能簡單動手製作桌燈。只要掌握基礎訣竅，電線及插座的連接方法可比想像中的簡單喔！

繩球底座造型桌燈作法

工具&材料

電焊槍、熱熔膠槍、鋸子、剪刀、螺絲起子、直徑75mm保麗龍球1個、直徑16mm塑膠管190mm 1支、夾燈1個、粗12mm貨車綑物繩8m、公插頭、寬90×厚12mm正方形杉木木材、市售燈罩

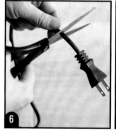

6　因為「PVC塑膠管」要穿入電線，先剪斷「夾燈」的插頭。

5　纏繞繩索時，維持長管較容易作業。完成纏繞後，上端「PVC塑膠管」保留3cm，以鋸子裁切多餘部分。

4　纏繞至最下方結束後，向上繞2層，邊緣使用熱熔膠黏牢。以此側作為底座側。

3　固定後，在保麗龍球上無空隙地纏繞繩索，並在各處點上熱熔膠黏貼固定。

2　插入「PVC塑膠管」，使單邊凸出10cm。以熱熔膠槍黏上繩索前端，等待乾燥。

1　在「保麗龍球」中央打通16mm塑膠管的穿入洞。以電焊槍進行作業時，請保持通風。

12　打開市售的公插頭，在兩個螺絲上方纏繞芯線後，轉緊螺絲，裝回蓋子即完成。

11　處理電線。取下切口端的絕緣塑膠，將芯線分成兩邊，統一往右扭轉成束。

10　繩索末端打結，作為裝飾。以熱熔膠槍接合完成的桌燈本體與杉木底板。

9　將下方穿出的電線往上摺，以繩索於電線上方進行纏繞，並以熱熔膠槍黏接固定，將塑膠管藏起來。

8　在PVC塑膠管與燈座相接面，以熱熔膠槍黏接固定。完成以上步驟後再安裝燈泡作業會比較順暢。

7　剪斷的電線端，從上方側穿入，將燈座拉收至與上端圓管接合處。

OSB板雜誌架作法

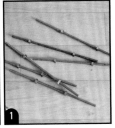

2
以電鑽將「OSB板」打洞。決定「全牙螺絲」插入位置後，重疊兩片合板，在上方2處、下方4處打洞。

1
6支「全牙螺絲」兩端各旋入1個「六角螺帽」，旋入至靠近邊端處即可。

工具＆材料
電鑽、直徑18mm電鑽鑽頭、180×9×240mm的OSB板、直徑16mm鍍鉻全牙螺絲285mm6支、16mm六角螺帽12個、16mm圓蓋螺帽12個

5
轉緊下方4根、上方2根「全牙螺絲」全部的「六角螺帽」。以手轉緊即完成，初學者也能輕鬆上手。

4
在6支「全牙螺絲」端安裝「圓蓋螺帽」，與內側的「六角螺帽」一起鎖緊，確實固定板子。

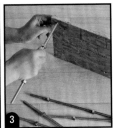

3
將一片「OSB板」插入「全牙螺絲」。全部插入後，全牙螺絲另一端穿過另一片「OSB板」孔洞。

OSB板優點推薦——
即使沒有上漆
也能展現帥氣的粗獷質感

將零碎木片壓合固定製成的OSB板，原本是使用在內牆下方構造的材料。帶有粗獷手感的外觀極富魅力，直接使用就很帥氣，搭配金屬零件更添時尚度。

PVC塑膠管掛架作法

2
組裝「PVC塑膠管」。在接合處塗上塑膠用接著劑，固定長管及接頭。

1
將「PVC塑膠管」零件並排於塑膠布上方，以銀色噴漆上色，再翻面將整體完全上色。

工具＆材料
銀色水性噴漆、塑膠用接著劑、內徑16mm的PVC塑膠管1300mm 1支‧200mm 1支‧150mm 1支‧100mm 1支‧60mm 6支、三通接頭4個、彎頭2個、給水栓彎管2個、圓管蓋3個

5
依喜歡的順序組接塑膠管，以「三通接頭」&「彎管」組裝掛鉤，並在掛鉤前端嵌入圓管蓋。

4
「三通接頭」的橫管接上60mm長管，再縱向接合「三通接頭」，往上安裝1300mm長管。

3
從底座開始組裝。T字型「三通接頭」兩端接上60mm長管，再將「給水栓彎管」朝下，安裝於邊端。

輕盈的PVC塑膠管
雖然不能吊掛重物
當作雜貨及植栽裝飾掛架也很實用

為了增添空間亮點，而設計的掛架。不放重物，僅作為裝飾雜貨的物件使用。PVC塑膠管雖然能以鋸子自行裁切，但請home center幫忙裁切更輕鬆。

FURNITURE

04

LIGHT

親手製作老公的書桌＆文件收納櫃

處理替代工作桌使用的餐桌。桌子上方不放置太多物品，
重新調整桌面，改造至適合的尺寸。

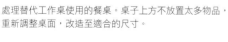

書桌的安裝

使用2支2×4角材，與
「鋸馬支撐架」組合。以
橫條木材連接鋸馬支撐
架，共製作兩組鋸馬架桌
腳。

為了經常帶工作回家加班的老公
決定動手改造書房！
整齊收納文具及文件的物件
也是使用HC商品的DIY作品

ADACHI AYUKO　　足立明優子小姐

牆壁上漆
加裝簡單層板

以「角料支撐調節器」頂住天花板及地面完成支柱，再安裝上合板層架也OK。以上材料都可從「HANDSMAN」購入。

以煙囪製作三腳立燈

利用三腳架作為支架，安裝「不繡鋼單管煙囪」，再在中間放入夾燈，打造出聚光燈造型。

工具箱式
文具收納盒

在home center發現簡單的工具箱。在內底鋪入墊片後，作為文具收納盒使用。

PVC塑膠管筆筒

將「PVC塑膠管」的接頭：「三通接頭」、「直筒接頭」、「塑膠管蓋」分別塗上白膠貼合於木板上，簡單上漆就變身成了具有設計感的時尚筆筒。

牆面展示架的安裝

以螺絲在牆面固定2支「壁掛式直立桿」後，在喜歡的位置嵌入當作層板支架的「木製隔板托架」，安裝方法相當簡單。

使用燈泡
製作栽植器皿

將桐木板材組成方框，上方板子打洞放入燈泡。取出燈絲後，以植物裝飾。

倒放花器架
變身小邊桌

將home center園藝區販售的花器架倒放後，直接放上植物盆栽。

使用繩索
製作吊台

木板上打4個洞，穿過繩子後打結&安裝「吊鉤」，與固定於天花板的「鍍鉻吊環」連接。

這個6張榻榻米大小的空間是老公的書房。老公在家工作的時間長，經常窩在這裡。但有一天驚訝地發現相同的紅筆有200支、還有堆積如山的便利貼……看著四處散亂的物品，我決心要好好整理及改造這個空間。

身為home center愛好者的我，從以前就有一些「想要用看看」的金屬零件。為了實現腦海中想像的雅緻簡約的成熟風格，首先將整面牆漆上灰色，使用壁掛式直立桿安裝層架。接著改造大桌子，使用SPF材及鋸馬支撐架，手工製作書桌。並打造能收納手邊資料夾的可推式收納櫃及文具收納空間，讓整理變得輕鬆容易。

每次到訪home center都會有新的發現，就像是到主題樂園一樣。不僅老公看到變漂亮的書桌很開心，透過改造空間愉快享受各種實驗的過程的我，也應該跟老公道謝呢！

Man is what he believes.

**不佔空間
方便整理的家具**

因為是一家四口一起鋪床睡覺
的空間，安裝腳輪讓玩具箱能
輕鬆地推到牆壁邊。圓頂床幔
也是能簡單拆除的設計。

裝飾字母×燈泡
打造無敵可愛的組合

最近經常看到字母圓球裝飾燈。參考網路上的作法後，打造出自己的風格，成品大成功！

圓頂床幔的安裝

以布覆蓋塑膠製圓形曬衣架的圓框，沿框止縫固定罩布＆圓頂布後，懸吊於天花板掛鉤。

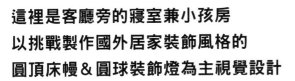

圓球裝飾燈作法

以厚紙板製作文字框＆加入木條補強後，在空隙處放入「燈串」，再蓋上乒乓球。

以木材×繩索
製作玩具箱

「車輪軸」兩端嵌入兩個圓木塊，作為車輪。在木框上下木條之間固定繩子，並以「C型管夾」作為把手。即完成可輕鬆移動的玩具箱。

這裡是客廳旁的寢室兼小孩房
以挑戰製作國外居家裝飾風格的
圓頂床幔＆圓球裝飾燈為主視覺設計

我們家有7歲及2歲的2個女孩。幼兒時期還好，但隨著玩具愈來愈多，客廳散亂一地的問題深深困擾著我。因此，我在和室臥房的一隅打造了小孩遊戲區。參考時尚的巴黎小孩房進行空間設計，希望呈現可愛但不過於甜美的風格。

使用SPF材組裝的玩具箱，是帶有市售商品風格的簡單設計。安裝腳輪後，可輕鬆移動。經常玩的玩具統統收納在加裝繩子的玩具推車裡，因為方便拿取，女兒們也能自己整理玩具。

而為了重現令人憧憬的圓頂床幔，絞盡腦汁後靈光一閃——可以用衣架進行加工！以低調的粉彩色調統一整體色系，並搭配圓球裝飾燈點完小孩遊戲區。真是無比的美麗。更高興的是，女兒們也很滿意這樣的空間改造呢！

看著破損的地球儀
在我的腦海中浮現了改造點子——
打造一個透出柔和光線的桌燈吧！

因家中的地球儀破掉，我突然靈光一現，想起曾經在國外居家裝潢中看過地球儀桌燈。仔細一看地球儀的球體是白色塑膠，略一思考覺得應該能作出桌燈，就動手嘗試看看。通電後，果然透散出柔和光源，作為間接照明使用相當合適。希望能為忙碌的老公帶來療癒效果。

地球儀桌燈作法

 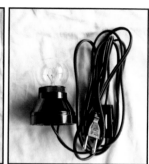

工具&材料
電鑽、直徑4.5mm電鑽鑽頭、砂紙、熱熔膠槍、粉筆、油性麥克筆、地球儀、附電線燈座、燈泡

  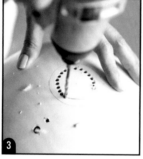  

以砂紙磨平洞口毛邊，嵌入燈座。洞太小時，以砂紙進行微調。

以電鑽連續鑽孔，再剪開可嵌緊燈座大小的洞。洞應比鉛筆記號稍微小一圈。

在想要打洞的位置放上燈座，以鉛筆描畫輪廓記號。因需穿出電線，洞打在底座旁邊比較適合。

從底座開始，徒手撕下地球儀球表層的塑膠紙。但依球體材料不同，也有可能有無法撕開的情況。

   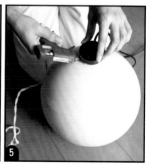

最後以油性麥克筆書寫喜歡的文字。或先以鉛筆打草稿，再以麥克筆描寫。

將安裝好燈泡的球體嵌入底座，恢復成原本的形狀，上下兩端以螺絲鎖緊固定。

地球儀表紙殘留在球體上時，塗抹市售的「除膠劑」就能乾淨去除。如果表紙是淡色，塗漆遮蓋也OK。

將安裝好燈泡的燈座放入洞口，以熱熔膠槍黏合燈座與地球儀。靜置乾燥後，確認是否確實地固定。

自製可依喜好長度簡單裁切的便條紙架
老公不斷累積大量便條紙的習慣
會因此改善嗎？

能書寫從週一到週五，平日預定計畫的便條紙架。掛在書桌前方，行程一目瞭然。從下方抽拉紙片，就能使用空白紙面的捲筒式便條紙，或即使暫時不抽換新紙也OK。對便條紙堆積成山的老公來說，一定會有點幫助吧！

工具＆材料

電鑽、直徑3.5mm電鑽鑽頭、金屬刮刀、剪刀、鉛筆、角尺、扳手、鐵鎚、油性筆、水性塗料（奶油色・灰色・棕色）、排刷、橄欖油、寬150×厚9×長350mm木板、200×0.3×400mm鋁板、紙捲、3mm鐵絲47cm、鐵釘

```
捲筒式便條紙架作法
```

 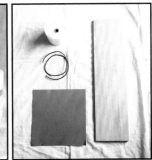

4 鐵絲穿過紙捲的紙軸，再穿過木板上的洞，以扳手將鐵絲兩端纏繞打結。

3 將紙捲放在木板上測量位置＆畫記號後，以電鑽打出2個穿鐵絲的洞。

2 塗料乾燥後，以刮刀在各處隨意削去部分漆料，打造仿舊感。塗橄欖油油可使塗料比較好脫漆。

1 木板上色。先以棕色打底，乾燥後塗上橄欖油，待油乾燥後，再重疊塗上灰色塗料。

8 在固定好的鋁板上，以油性筆寫上週一到週五，吊掛於牆面的掛鉤即完成！

7 對齊鋁板及木板上的洞，以鐵鎚打入鐵釘固定。共將5片鋁板等間距排開＆固定。

6 將剪下的鋁板保持等間距地放在木板上，以電鑽鑽螺絲孔。作業時請確實壓緊，避免錯位。

5 以油性筆在鋁板上取寬8mm間距畫上記號，再以剪刀裁下5片。使用0.3mm厚的薄鋁板，以剪刀也能簡單裁剪。

我一直嚮往著
在電影及影集看到的美式建築物
高中校園走廊一整排的鐵製置物櫃
也是現在想要的清單No.1

KAWAI KAORI　　川合香織小姐

FURNITURE
05
LIGHT

鐵網片
是牆面展示的最佳夥伴

家具背靠著直立並排＆漆成灰色的木柵欄牆壁。並以「C型管夾」固定「鐵網片」，打造能自由裝飾雜貨及植栽的牆面。

我們家是3個小孩加老公的5人家庭。我喜歡的home center是「コーナンPRO」。

使用杉木踏板＆鉸鍊
製作摺疊式餐桌

1 前方的桌腳插入木釘，以手就能簡單地拆卸。　2 以「ㄇ字釘」作為把手，方便輕鬆地提起及放下桌板。　3 以「角鐵」為桌腳的DIY桌子。　4 利用2個30mm鉸鍊連接桌板。工作時打開桌板，結束後摺疊收納，可減省空間。

使用殘留油漆痕跡的杉木板
打造休閒的率性風格

原本的廚房沒有隔間，空間一覽無遺。運用杉木板及「全牙螺絲」製作吧台，除了能遮蔽廚房空間，使用上更加順手。

廚房吧台設計重點

1 以收納櫃作為吧台的底座，前板使用杉木板。背面可擺放資源回收用的垃圾桶。水龍頭也是加入巧思的裝飾設計。　2 上方收納架使用「全牙螺絲」及「六角螺帽」組裝。

即使是租賃住宅也想要打造成喜歡的居家裝潢！抱持著這樣的信念，我不僅熱衷於DIY改造，還開始販售起了手作家具。作為home center的常客，甚至連員工的名字都記住了呢！

開始製作家具時，浮現的畫面是從以前就喜歡的美國電影及國外影集。美式高中校園經常登場的鐵製置物櫃，至今仍是內心憧憬的物件。以這樣的方向規劃，我們家中的居家風格就自然而然地帶有男性元素。

最近，「網片」是home center裡最深得我心的素材，各式各樣不同的設計，光是觀賞就覺得很開心！能安裝在牆面，或當作家具的零件使用，可彈性搭配&多元應用是網片的魅力之處。

我的工作區設置在LD的一角。因為是家人休憩、用餐的公用空間，盡可能設計節省空間的家具。

以木材製作凸窗的窗框，並在窗框內側以釘槍固定泥作牆面打底用的網片。「IKEA」的鐵櫃也漆成灰色。

鐵製置物櫃×網片×鐵絲
大量使用無機質冷調素材時
裝飾富有生命力的綠色植栽來平衡空間氛圍
這樣的搭配可讓舒適度大幅提昇

以前家中的牆壁及家具也是以白色及木質調為中心，屬於自然系居家風格。但是加入金屬零件後，希望空間整體能更加統一，因此打造了灰色木柵欄牆壁＆布置鐵製家具，空間瞬間散發出工業風氣息。

另一方面，房屋整體變暗也是事實。因此我搭配上綠色植物，在窗邊排列著大型盆栽，牆面也設計展示架擺放多肉植物，並以試管及金屬製作花器，插入人造的「椒草」……光是加入這些改變，空間就變得明亮了起來。既然一整天大部分的時間都在客廳渡過，打造舒適的空間自然是首要重點。

以「角料支撐調節器」立起柱子，固定合板。復古木箱則變身成裝飾櫃，用來展示植栽及雜貨。

纏繞鐵絲
製作率性的桌燈

將「桌上型燈座」以接著劑固定在厚木板上，以畫圈纏繞的方式覆蓋鐵絲即完成。

全牙螺絲×試管的
一輪花器

將「全牙螺絲」安裝在「方形螺母底座」上，再固定「直立配管用夾環」，夾入試管。不需要工具即可完成。

組裝法藍
變身簡易式筆桶架

以「附螺帽方形底座」為筆筒底座，「六角螺栓」穿入「法藍」作為支柱，再以「螺帽」旋緊固定即完成。

以四角鐵桶
製作垃圾桶

使用被稱為「一斗罐」的四角鐵桶。敲打鐵桶製造仿舊感，並在蓋子安裝皮革提把。

以鐵絲＆螺絲
製作星星造型裝飾板

在仿舊加工的木材餘料上，嵌入鐵釘排列成星星形狀。再如勾勒畫線一般，纏繞鐵絲。

**堅固的塗料桶
加上軟椅墊
完成兼具收納功能的椅凳**

在油漆區發現的「塗料桶」，有各種尺寸。這個大小，能當作椅子，桶內還可以收納玩具，很實用方便。剪一塊比蓋子尺寸還大的海棉，以布緊緊包住，作出膨鬆感的椅墊。

工具 & 材料

排刷、美工刀、剪刀、模版印刷型板、報紙、鉛筆、釘槍、白膠、底漆、白色水性塗料、黑色噴漆、塗料桶1個、300×3×300mm合板、邊長330mm正方形×厚55mm的海棉、麻袋1個

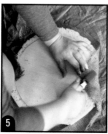

6 塗料桶蓋表面整體塗上白膠，放上步驟5完成的座墊，貼合。乾燥固定後，放於塗料桶本體上即完成。

5 依麻袋、海棉、合板的順序重疊，用力拉緊麻袋包覆，以釘槍固定底部周圍。

4 以剪刀裁剪完成噴漆的麻袋。尺寸需大海棉一圈，裁得大片一些也沒關係。

3 麻袋進行模版噴漆。周圍鋪墊報紙，麻袋上方放置模板，以黑色噴漆上色，等待乾燥。

2 以鉛筆在海棉上畫記號。為了讓坐墊富有彈性，裁切成比合板稍大一圈。

1 「塗料桶」漆上底漆後，漆上白色塗料。並以美工刀將合板裁切成能嵌入塗料桶蓋裡側的尺寸。

**以木桌板
混搭塑膠搬運箱的組合
增添自然氛圍**

工具及建材收納用的塑膠搬運箱，一漆上黑色塗料，瞬間變得帥氣時髦，很不可思議。安裝腳輪，放上木板，快速完成簡易型矮桌！箱內可收納繪本及雜誌。

工具 & 材料

電鑽、直徑2.5mm電鑽鑽頭、剪刀、海棉、木工用白膠、「WATCO木器塗飾油」、530×300×深度370mm的塑膠搬運箱、「底漆」、黑色水性塗料、A：杉木板寬200×厚35×長530mm 2片、B：赤松木 40×15×400mm 2片、32mm附螺絲腳輪4個、螺帽4個、40mm自攻螺絲8個、30mm木螺絲

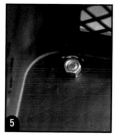

5 從內側鎖緊「六角螺帽」，固定腳輪。螺帽固定後，再放上步驟2的木板即完成。

4 因洞太小，無法安裝32mm腳輪，但以剪刀將洞口剪大，腳輪就能順利嵌入。

3 搬運箱以「底漆」及黑色塗料上色。確認底部的洞能否放入腳輪。

2 桌板以海棉塗上「WATCO木器塗飾油」。塗完兩面後，等待乾燥。打造出受損痕跡的仿舊加工也別有韻味。

1 以白膠接合2片木板A後，在斷面處疊放上B，表面側齊邊對齊至平面狀，鎖入木螺絲固定。背面邊緣呈高低差設計。

大間距排列圓鐵棒取代背板
是考慮印表機散熱需求的
功能性設計

為不知道要擺放在哪裡的雷射印表機，製作裝上腳輪、量身打造的收納推車。側面使用「網片」，背面使用「圓鐵棒」製作通風性佳的背板。此作品使用的「網片」也應用於凸窗的室內窗，不僅比一般的雞籠網片更加堅固，設計簡約的菱形網眼也是我喜歡的樣式。當然，除了作為印表機收納推車之外，你也可以自由應用。

印表機收納推車作法

工具＆材料

電鑽、直徑2.5mm・10mm電鑽鑽頭、萬用剪刀、釘槍、鐵鎚、排刷、木工用白膠、黑色水性塗料、木板（A：320×25×430mm 2片・B：40×15×480mm 4片・C：40×15×240mm 4片）、45×31cm泥作牆面打底用網片2片、粗9×長490mm圓鐵棒4支、12mm大扁頭自攻螺絲16個、50mm木螺絲、32mm腳輪4個

6 將步驟5翻面，在背面側打出插「圓鐵棒」的孔洞。並排桌板，對齊底板孔洞位置打洞，以免位置偏移。

5 以安裝好「網片」的2片木框作為側板。立起2片側板，上方放上木板A當作底板，鎖入50mm木螺絲固定。

4「網片」乾燥後，以釘槍固定於步驟2木框。多餘的「網片」以萬用剪刀就能簡單裁剪。

3「網片」先噴上「底漆」，之後黑色塗料會比較容易上色。

2 以電鑽在螺絲安裝位置打出2.5mm的螺絲孔，再鎖入50mm木螺絲，固定B與C。四個角皆鎖上螺絲。

1 2支C角材的斷面處塗上木工用白膠，與B角材側面相對與接合。共製作2個方形框。

  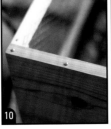   

12 在底板背面側安裝4個腳輪即完成。中間加入層板，放置影印紙，更方便使用。

11 收納推車整體塗上黑色水性塗料。為了統一整體氛圍，「網片」也要上漆。

10 在側木板上，以電鑽鎖入裝飾用的「大扁頭自攻螺絲」。利用五金零件的細節點綴，展現男子氣概。

9「圓鐵棒」完全嵌入後，在邊角處鎖入50mm木螺絲固定。小技巧：先鑽螺絲孔後，再鎖入螺絲，木板就不會裂開。

8 底板嵌入「圓鐵棒」後，上方對齊桌板孔洞的位置，嵌入，以鐵鎚敲打固定。

7「圓鐵棒」嵌入底板的洞，以鐵鎚敲打固定。孔洞大小比「圓鐵棒」略大，作業會比較順暢。

以個性DIY家具
為主角的
家居裝潢

70年代的美式復古取代歐風復古，
手作達人們將走在潮流尖端的時尚咖啡館布置帶入家庭，
以冷硬的工業風元素結合令人愛不釋手的溫暖木作，
打造當代最流行的家居裝潢。

《工業風家具DIY練習BOOK》
Gakken◎授權
定價：380元

CHAPTER O2

給DIY及雜貨愛好者的

home center
尋寶攻略

Home center是匯聚各種品項＆眾多商品的大型賣場。其中一定會
有的DIY用品及建築用材料的資材館區，尤以Super Viva Home的
物品最為齊全。雖然乍看專業性極高，感覺跟家庭主婦扯不上任何
關係，但只要掌握必逛區域，就能挖到寶！本書收錄的DIY家具及
燈具的材料＆雜貨，幾乎都是賣場中的常見品項。

工業風零件＆業務用雜貨
品項齊全No.1的Super Viva Home
列出必逛區域，找出想要的目標商品吧！

 CHECK IT

1　中村香織小姐推薦「必逛區域」
2　找尋帥氣的業務用雜貨
3　將HC商品加點巧思，改造成時尚單品
4　以黃銅管試作星星燈罩

Super Viva Home三鄉店
以品項齊全著名且獲得一致好評
跟著規劃師中村香織一起漫遊——
打造帥氣空間必備的工業零件資材館吧！

在繩索&鐵鍊的賣場裡，有許多造型可愛的滑輪及吊掛五金

從花邊結編織繩及右圖桌燈使用的繩索，到「伸縮器」及「掛鉤」等吊掛用五金一應俱全。

木材區的OSB等合板是符合時下設計潮流的推薦素材

交錯壓合木片及零碎木屑的合板，觸感粗獷，呈現帥氣不羈的風格，是很受歡迎的DIY素材。價格也比無垢材便宜。

food
work room
rgh cut timber
pick-up point
Wood
an ply-wood
¥
concre
anel
p.48 橘色A字梯
L
scaffo
pipe
cement
ster board
board
p.48 長嘴油瓶
wire mesh
Alun
galvanized iron pla.
roof material
ate
pladder
SYAS
concre
material
dust box
concrete product

防止混凝土裂開而埋入的的「點焊鋼絲網」。大多應用在牆面展示及製作家具使用。

混凝土&灰泥
是打造現代感設計的人氣選材

原為製作盆栽、紅磚瓦造型時常用的材料。混合材料用的方盒及水桶，好像也可以用來作些什麼。

一直想動手製作的水管風家具素材，在配管‧接頭區一應俱全！

陳列在賣場中，延伸到天花板的PVC塑膠管，景象尤其壯觀！備有不同直徑的塑膠管，尺寸齊全。

在本書手作家的愛用home center調查中，super viva home得到絕佳好評。在日本各地為數眾多的home center中，大規模的賣場就是它的招牌特色。特別是super viva hom三鄉店空間更大，必逛區域也很多，品項十分齊全，就連專業木工職人也會特地前往採買。但要在面積廣大的賣場中，仔細地逛完每個角落，雙腳一定負荷不了。因此，我們與中村香織小姐一起畫出地圖，為你整理了必逛賣場&推薦清單。

左：連接直管的接頭，大小種類都很豐富。右：管束、C型管夾等的配管五金，也在此區域。

super viva home三鄉店 埼玉縣三鄉市ピアラシティ1丁目1番地140
*圖示為2016年4月的賣場配置。賣場位置可能有所調整，敬請理解。

下·「洞洞鐵」，連接用鐵片。
右·p.26 小松小姐製作的鋸齒型伸縮
燈。以螺絲連接鐵片。

DIY不可或缺的
工業用零件，
8成都在五金賣場！

p.20三隅小姐的作品。
「全牙螺絲」穿過SPF
材後，以螺帽鎖緊固
定，製作成爬梯。木材
以外的零件可在五金賣
場購入。

上·垂吊於天花板的螺
絲造型裝置物是引路指
標。中·黑鐵的「六角
螺栓」，直接裝飾就能
展現帥氣感。下·組裝
2×4角材的「SIMPSON
角材連接用五金」，欣
賞各種形狀也很有趣。

運用於p.21洗衣籃推車
及p.55隔間的「全牙螺
絲」一字排開。可請賣
場人員裁切。

塗料區
是填充容器的寶庫
塗料桶、塑膠方瓶、油桶，各式塗
料填充容器齊全。排刷&刷具種類
豐富，可發揮創意運用的雜貨物品
眾多。

電氣材料區的
照明材料完備
右圖的「網狀燈罩」、
插座、燈座等，燈具材
料&開關一應俱全。

以鐵立布（圓管）作為
家具的支架，既搶眼又
有感計感。保留印刷字
樣，呈現如業務用物品
般的商品感，更顯帥氣
時尚。

food

metal

paint

nipple

wc

wc

packing goods

duplicate key

bolt · nut · screw

Metallic parts

Work supplies

paint , glue

DIY supplies

electric material

interior

Housing facility

processed timber

handicraft wood

resin plate

plastic board

bathroom

joinery

door

floor

sash

storeroom

Nipple , PVC tube

socket , valve

Curing sh

Laminated lumber

Styrofoam

tile

Siding

Guttering

deck , pile

farm
goods

Large material
machinery

p.50 滾筒刷

p.48 伸縮彈簧尼龍滑輪

p.48 錨鉤

p.48 三角燒杯

p.51 強力磁鐵收納盒

p.49 米袋

p.49 護樹麻製布帶

農業用具材料賣場的特
色，是袋子&籃子等雜
貨小物充足

SUPER VIVA HOME的魅力
是擁有眾多帥氣的業務用雜貨
一起來看看香織小姐特選的推薦商品吧！

□ CHECK 1
☑ CHECK 2
□ CHECK 3
□ CHECK 4

鍍鉻吊環螺栓

常用於收納眼鏡等吊掛物品。但這次，我想在改造原有家具時，當作抽屜把手使用。

錨鉤

小巧的錨型讓我一見鍾情。掛上帽子及包包時，一定很可愛！錨鉤原本是撿拾掉落海水中的繩索或水桶用的工具。

伸縮彈簧尼龍滑輪

名字及形狀也太可愛了！是藉由繩索，懸吊物品的工具。可應用於植栽吊籃。

木製試管夾・試管架

比起實用性，木製試管夾的外觀才是吸引我的重點，用於製作任何物件都很可愛。最後決定當作牙刷架使用。

容量瓶・液量計

大尺寸的一輪花器建議使用容量瓶。另售有瓶蓋。液量計在烹飪時可當作量杯使用。

三角燒杯

找到理科類居家設計代表物件！三角燒杯是植栽裝飾的必用配件，而我則應用在照明物件。

附提把水桶・白色

混凝土賣場中，與油漆用方盒擺放在一起。尺寸比普通的水桶大，當作植栽裝飾外盆也很適合。

煙灰缸盒

室外用的簡易式煙灰缸盒，與專用架分開販售。我們家中將兩者都上漆後，當作花盆使用。

沙袋

經防水加工的尼龍製沙袋＆放入吸水性樹脂的黃麻沙袋。出現在我家各個角落的沙袋，是我的愛用品項。

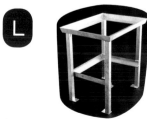

室外用流理台

從上方框嵌入另外販售的塑膠水槽，完成流理台組裝。我會用古木材替代水槽，打造迷你吧台。

長嘴油瓶

車用維修用品區買到的戰利品。利用前端的長噴嘴為室內植栽澆水，感覺相當時髦！

橘色A字梯

可愛鮮橘色的A字梯。並排2組梯子＆放上木板，是油漆師傅常用的踏板組合。

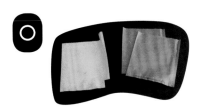

A B C Q 繩索・鐵鍊區
D E F 實驗器具區
G H I J K L 甲板・混凝土・踏板區
M N O P V 農業資材區
R S T U 塗料區
W X 工具・腰袋區

香織小姐説：「不需要裝飾太多，就能展現質感是HC業務用小物的魅力。」不僅塗裝用品及農業資材區隱藏了許多寶物，SUPER VIVA HOME三鄉台的各式賣場裡也有許多不為人知的厲害工具。不知道原本的用途也無所謂，以「如果是我，會想要怎麼使用」的觀點來發想，就會意外挖掘到更多好物喔！

O

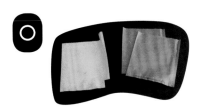

梨套袋・枇杷袋

可作為外燴時包裝點心的實用小物。使用有撥水性的蠟紙，邊緣加上鐵絲，使用上更方便。

N

護樹麻製布帶

你曾看過路樹的樹幹被布帶纏繞住的模樣嗎？此布邊處理得很整齊，可以直接當作布料使用。

M

平板作業台車

方便農業工作時，在坐姿姿勢下輕鬆移動的台車。放上盒子，裝入水瓶，也很方便取用飲水。

R

加侖桶

塗裝用品區中的塑膠方桶。很適合貼上自製標籤，倒入補充用洗潔劑。

Q

吊鉤

不管吊掛在哪裡都很適合。因為有開孔，穿入圓管後，作成鍋子或平底鍋的吊桿使用也很不錯。

P

竹簍

農業作業的竹簍。因為有安裝繩子，也能吊掛使用。或許可用來收納常用蔬菜。

U

排刷・橢圓毛刷

清理餐桌上的麵包屑時相當輕便好用。「橢圓毛刷」的刷毛密集，被我用來當作兒子們的洗鞋刷具。

T

分裝用瓶

重點在小巧的注入口！蓋子下方的黑色頸結連著注入口塞蓋，能快速地將開口封住。

S

細口瓶・廣口瓶

保存剩下的油漆及木材著色劑用的瓶子。「細口瓶」放入清潔用的小蘇打，「廣口瓶」可存放保健食品。

X

快取式腰帶用掛鉤

這是我關注許久的商品。可穿入皮帶，作為吊掛工具的收納鉤；或安裝於牆面，當作毛巾架使用。

W

鋸刀收納袋

能收納5支鋸刀的厚帆布袋。接外燴時，放入刀具及砧板，感覺特別帥氣。

V

米袋

堅固的牛皮紙袋。很多DIY玩家塗上白色漆料後，製成植栽裝飾外盆。但我還在思考用途中……

home center業務用物件的
基本使用原則是只作「稍微加工」
不過多裝飾才是提昇物件質感的祕訣

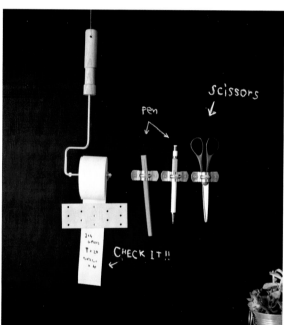

方便好用
帽子＆上衣的簡單掛鉤

起初是要製作成老公的領帶收納架，但在製作過程中順其自然地改變了使用方向。即使是安設在狹小的玄關走廊，懸掛於天花板，就能不佔空間地收納帽子、包包，或上衣。選用橘色的「吊鉤」，以色彩提升可愛感。

錨鉤

因為前端尖銳，套上「端子保護套」。搭配橘色吊鉤，選用了黃色保護套。

安裝代替便條紙的紙捲
可依使用需求自由裁剪長度

發現難得使用木製手把的「滾筒刷」。卸下海棉，安裝紙捲，懸吊於黑板。以「連結用鐵片」當作裁切刀片，再以「C型管夾」當作筆架，順手就能書寫便條紙。

滾筒刷

墊入華司＆以螺帽鎖緊，紙卷就能固定不會掉落。

放上OSB板
打造陽剛味十足的工作桌

使用3尺的A字梯，高約90cm。鋪上桌板後，比普通的桌子略高，搭配高腳凳也很適合。因桌腳細長，不會給人壓迫感。放設兩片木板，下層擺放印表機也很實用。

橘色圓管
A字梯

桌板選用「OSB板」。壓合木板薄片的層疊式斷面，搭配A字梯恰到好處。

將LED鐵絲燈串揉成團狀
快速製作吊掛裝飾燈

參考國外居家裝飾後，衝動購買了鐵絲燈串。思考使用方法時，靈光一現：將燈串塞入三角燒杯，感覺會很有趣吧！單純地懸吊或是擺放在收納架也很美麗。很適合裝飾在小孩生日會及聖誕節日等聚會活動。

在PVC塑膠管區發現的「立式C型管夾」。將C型環處接上鐵鍊，安裝於三角燒杯瓶口。

三角燒杯
500ml

平衡垂吊的
綠色植栽擺飾

滑輪吊掛上麻繩，左右各自垂吊植物盆栽。揉捻繩子，相互纏繞，可防止脫落。如量秤般的應用，激發起我的創意！將植栽安置於窗邊，正好可藉由採光讓植物享受日光浴。

在農業資材區發現的「枇杷袋」。貼上標籤後，放入穿好麻繩的盆栽，完成！

伸縮彈簧
尼龍滑輪

緊密貼合衛浴空間的牆面
收納牙刷＆乳液

可吸附鐵板的收納盒。為了不讓盒內的鐵釘及塗料從收納盒掉落，附有強力磁鐵。我是用於衛浴空間，但安裝在經常開關的冰箱門上也沒問題。

以雙面膠將角材連結用鐵片貼於牆面，使收納盒緊密吸附鐵片！可輕鬆拆下清洗也是令人開心的優點。

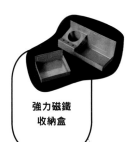

強力磁鐵
收納盒

在SUPER VIVA HOME三鄉店
發現金色黃銅管！
立刻試著製作了星星燈罩

造型像北歐芬蘭的傳統吊飾himmeli。當我一邊思考著想製作幾何圖案的照明燈罩，一邊逛home center時，找到的材料就是黃銅管。以鐵絲作為連接線材，就能製作出各種形狀。

工具&材料
燈具（直徑35×高70mm·E17氪氣燈泡）、黃銅管（直徑5×厚度1×1000mm）3支、黃銅鐵絲（0.9×9000mm）1捲、裁管器、扳手、鉗子、斜口鉗、方格紙、量尺、鉛筆、橡膠手套

星星燈罩作法

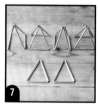

7
製作4個步驟6，再以剩餘的黃銅管製作2個三角形。處理邊緣時，注意不要打結纏繞。

6
以鉗子調整鐵絲兩端，壓入圓管的邊緣。摺疊三角形，作出金字塔形狀。

5
穿入第三支B當作底邊，將左右邊的A立起，形成三角形。扭轉頂點，作出蝴蝶結形狀。

4
取鐵絲，依AABAAB的順序穿入黃銅管。兩端各預留2cm，以鉗子裁剪多餘的鐵絲。

3
鎖緊裁管器的螺絲，轉4至5圈，完成裁切。A製作20支，B製作15支。

2
裁切80mm（A）與60mm（B）的黃銅管。戴上橡膠手套，以裁管器夾入黃銅管後，慢慢轉動。

1
將燈具尺寸寫在方格紙上，畫出覆蓋燈具的等邊三角形：斜邊80mm、底邊60mm。

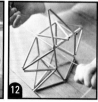

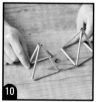

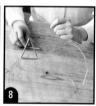

14
左右兩端的鐵絲依步驟13的順序處理後即完成。最後，將星星調整至美麗的形狀。

13
從三角形處放入燈具。鐵絲穿入黃銅管A，跨穿電線後，穿入另一側黃銅管A，處理邊緣。

12
將步驟8一開始穿入鐵絲的黃銅管B，從左側插入鐵絲&拉緊後，星星就變得立體了！

11
重複步驟10的順序，連接4個金字塔。最後預留的2個三角形也穿過左右的鐵絲。

10
以步驟9拉緊後的左右鐵絲，各自筆直地穿過第二個金字塔的2支黃銅管B，再取1支B，自左右交叉穿入鐵絲。

9
左右的鐵絲再各穿過1根黃銅管B後，從左右穿入金字塔另一側的黃銅管B，拉緊。

8
裁切44cm鐵絲，穿過金字塔的黃銅管B。穿入至鐵絲的一半位置。

CHAPTER 03

以陌生的工業用零件
翻新整個房間

六角螺栓、全牙螺絲、立布、C型管夾⋯⋯本篇將介紹以建造大樓＆配管線職人專用的
工業零件，進行整個房間翻新的案例。「原來有這樣的道具啊！」享受發現新奇事物的
感受，以粗獷素材取代家中的日常生活氣息＆融入女性思維的智慧也值得參考。

KITCHEN 01 RENOVATION

育有高中的兒子及女兒，很喜歡DIY的職業媽媽。經常前往的HC是「VIVA HOME」。

想要將空間狹小的集合住宅廚房
打造成布魯克林風的咖啡廳
似乎是不太可能實現的想法
但只要到home center就會找到解決方案

UCHINAMI REINA　內浪札奈小姐

為了將屋齡35年的集合住宅改造得明亮又時尚，直到2年前我們家一直是白色系的居家裝潢。但近期開始喜歡稍微低調沉穩的風格，希望能打造出紐約布魯克林式的布置；這麼一想，如倉庫改建咖啡廳般的氛圍，也是不錯的選擇！

因此，將廚房的主色調改成黑色，訂定讓空間設計煥然一新的計畫。塗黑磁磚，以粉筆書寫文字，引入NY風的咖啡廳元素，接著再排列銀色系的廚房用具。僅管老公還抱持著「會變得如何」的疑慮，但改造成果還是要行動才能得知啊！

在home center找到全牙螺絲時，腦海立刻浮現可以在吧台上

以全牙螺絲打造的隔間
遮蔽功能恰到好處

在吧台上方設計柵欄的優點是可達到遮蔽功能，從餐廳不會直接看到整個調理台，但又沒有造成空間的壓迫感。

隔間的安裝

1 角材邊緣加上「調整器螺栓」，頂住吧台及天花板。 2 橫放的角材以電鑽打洞，插入「全牙螺絲」。角材以「L型平面角鐵」固定。

以鐵鍊吊掛收納層架
增添金屬的剛硬質感

在隔間背面加上層板，打造收納空間。設計重點是以鐵鍊吊掛層板。調味料瓶身貼上手作標籤，展現簡約格調。

層架的安裝

1 層板使用「內角鐵」安裝角材，再以鐵鍊及「C型管夾」吊掛。「C型管夾」使用「雙扁圈鑰匙環」連接。 2 層架底側面固定玻璃瓶的瓶蓋。

鐵件×木質素材混搭
大尺寸餐具收納架也能簡單完成

拆解原本使用的餐具收納櫃，留下層板再利用。因為使用直徑13mm的「全牙螺絲」組裝，不會感到壓迫感。

餐具架的安裝

1 「全牙螺絲」的前端安裝「附螺帽調整座」，頂住天花板及地面。 2 在木板上穿出「全牙螺絲」的螺絲孔，以「鍍鉻方形底座」及「六角螺帽」夾住木板。

改造別人給我的櫃子，變身成為吧台，再貼上黑色磁磚，呈現別緻的沉穩質感。只要站在這個廚房裡，我的內心就會興奮不已。

裝設半開放式隔間，或用於改造舊餐具櫃的想法。老公雖然有很多意見，但也會告訴我需要的金屬零件種類及使用方法。在老公的協助之下，布魯克林咖啡廳風的房間改造計劃逐步成形。但在home center裡，必定還有很多改造用的創意等待被發掘。

DELICATESSEN
PANADER[?]
PASTERE[?]
VINOS
CONSERVAS
ABARROTES
CAFÉ & TE

OXFORD ST

SUGAR KATA SOLT

EMPLOYEES
MUST WASH
HANDS

HAPPIN
IS
HOMEM[?]

咖啡廳風格廚房的
必備磁吸刀架作法

工具＆材料

水性塗料、排刷、錐子（鑽螺絲孔用）、電鑽、寬40×高27×長690mm木板、鐵氧體磁鐵8個、7mm木螺絲

木板以排刷塗上水性塗料。這次使用的是「Asahipen」的消光白，特別製作出殘留紋路的模樣。

取8cm間距，畫上磁鐵安裝位置記號，並以錐子鑽出螺絲孔。共鑽8個孔，安裝8個螺絲。

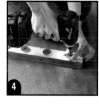

以電鑽在「鐵氧體磁鐵」中心鎖入螺絲，固定於角材上。將此零件嵌入柱子與柱子之間。

黑色×鐵製素材
打造時髦咖啡廳風格廚房

磁磚塗裝使用油漆是COLORWORKS的KAKERU PAINT Darling Gray。在位於正中央造型顯眼的熱水器上方，加裝HC找到的「滾刷網片」，當作工具掛架。

1 懸吊於中央的吊燈是工程用的「室內用網狀燈罩」。2 電線纏繞於插入「附螺絲T型固定座」的地面螺絲用螺栓。

將懸掛式收納架
改造出仿舊氛圍

將懸掛式收納架卸下兩邊的門片，裝飾綠色植栽。木材上漆，製作出仿鐵製的柵欄。

玻璃瓶放入電池式
「LED燈串」，設計感
照明裝飾完成！

活用窗邊的死角空間
打造衣帽間

餐廳的走道牆壁設計成木柵欄背板，裝設木條及掛鉤來收納外出用品。木柵欄背板的尺寸是配合牆壁及上門框之間的空間打造而成，嵌入即完成。

逛完木材賣場後
在五金賣場漫步尋寶
是我到HC必逛的路線

因工作的公司與改裝相關，不論是工作或私生活，我都經常會去home center。先到木材區找找是否有價格合理的木板，再來一定會去建築材料賣場。螺栓及螺帽等五金原本是隱藏性的零件，但不作多餘裝飾，直接使用原材料，反而能展現帥氣感。相較於以前多以木工為主，我發現使用全牙螺絲，能更簡單地作出家具。

但五金雖然堅固，重量也相對較重；考慮安全性，發揮材料特色的運用非常重要。為免因地震造成可怕的慘況，我選用輕巧的木材改裝吊掛層架。

衣帽間的安裝

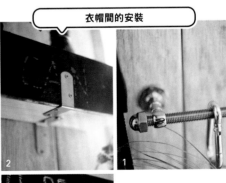

1 「全牙螺絲」以「吊桿固定座」固定於牆面，並在螺絲桿兩端安裝「圓蓋螺帽」，防止鬆脫。 2 呈L字組裝的木板架，也以立體L型的「內角鐵」固定於木柵欄背板。 3 吊掛照明的「吊床用掛鉤（鎖壁式掛鉤）」，正如其名，原用於吊掛吊床。

為鐵鍊三層架妝點上花朵
剛與柔的混搭組合
讓居家裝飾更加時髦

參考國外居家裝潢，自製了私心喜愛的懸吊式鐵鍊層架，吊掛在窗邊擺設植栽裝飾。但若直接放上盆栽無法穩妥固定，因此將燈泡造型瓶的蓋子打洞，插入層板的圓孔中，當作植栽器皿。也裝飾上些許花朵，打造出成熟又不失可愛朝氣的氛圍。

這扇窗如果加裝窗簾，室內就會變暗，該如何處理這個空間著實令人苦惱。但這樣的設計既可遮蔽視線，也保有充足採光。

鐵鍊三層架的安裝

使用鐵鍊懸掛於裝飾橫木或窗框下，調整長度相當方便。適用此方法安裝層架的位置還有很多喔！

鐵鍊三層架作法

工具＆材料
電鑽、螺絲孔用鑽頭、水性塗料、排刷、金屬磨砂器、寬120×厚12×長580mm杉木木板3片、10mm木螺絲、直徑5mm×長15cm螺栓6支、鐵鍊1.5m 2條、R型夾12個、圓蓋螺帽6個、PET燈泡造型瓶6個

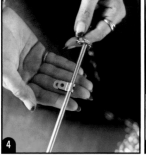

4 自螺栓邊端穿入鐵鍊後，套入2個「R型夾」，再將鐵鍊另一端穿過螺栓另一端。

3 確認洞口是否能嵌入「PET燈泡造型瓶」，如果洞口參差不平，以圓挫刀磨平切邊，使洞口斷面平滑。

2 排刷沾附少量的白色水性塗料，再抖掉多餘塗料，以保留若隱若現的木板底色的方式上漆，作出仿舊感。

1 木板打孔，挖空嵌入「PET燈泡造型瓶」的洞。尺寸大小以瓶身的口金下緣為準，在此取直徑4cm。可依喜好決定打洞位置。

8 2條鐵鍊固定於3片木板。將「PET燈泡造型瓶」放入圓洞中，調整至不會掉落的位置，緊緊地嵌入即完成。

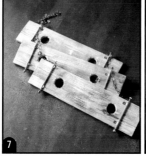

7 依步驟5相同順序將鐵鍊固定於第二層、第三層。層板的相反側取另一條鐵鍊，以相同方式連接。

6 防止螺栓自鐵鍊脫落，在螺栓的尾端安裝圓蓋螺帽。第二、第三層鐵鍊也取等間距，穿入螺栓。

5 在層板背面放上套入「R型夾」的螺栓。視木板寬度，取整體平衡位置，以木螺絲固定「R型夾」。

SANITARY 洗臉台

貼上自創標籤

在塗裝用品賣場發現了塑膠方
瓶。填入補充用洗潔劑，貼上
自創標籤，質感UP！

LIVING ROOM 客廳

以壁掛式直立桿
打造大容量收納架

1 牆面安裝「壁掛式直立
桿」，以專用的「層板支架」
固定層板。 2 「洞洞板」安
裝「吊環螺栓」，作為工具收
納插槽。 3 收納工具及書
本。

ENTRANCE 玄關

因應狹小的空間
打造出代替鞋櫃的新選擇

1 「伸縮器」穿過角材，變身成梯子。 2 只需
重疊「水泥空心磚」與木板，簡便鞋架完成！
3 梯子加裝吊鉤，增加方便收納的彈性利用。
4 若鞋子增加，再加疊空心磚及層板就OK。

置物區加上洞洞板牆面及手作收納架後，感覺就像全新的空間！拿取工具及塗料也更加方便。

一邊養育11歲・9歲・6歲・3歲的四個小孩，一邊享受DIY樂趣。經常到訪的HC是「CAINZ」。

利用洞洞板＆鐵製地板支架
2.5片榻榻米的儲存室變身工作室大成功！
工具收納在充滿時尚感的空間
更能激發創作的動力

KAKIHARA NOBUKO　柿原伸子小姐

購入獨棟中古屋後的DIY改造已有12年的時間。從一個房間開始，至今終於整個房子都改造一輪。

但工具＆材料的收納一直是困擾我許久的問題。不想讓小孩亂拿到而隱藏收納的物品，經常會有連自己都不知道收到哪去的窘境。剛好2樓的儲藏室煩惱著不知道要作何用途，那就改造成工作室吧！決定後立刻約了老公一起去逛home center。這次的採買目標是洞洞板。

洞洞板可以一目瞭然地吊掛收納工具，防止找不到東西的困擾。也想要製作層架來收納不斷增加的塗料，或試用鐵製地板支架，帶入陽剛的男性氛圍。

在採買東西的過程中，突然看向老公時，他說：「你的眼睛閃閃發亮著呢！」因為只是看著材料就能讓我開心不已，而為了能經常往返最喜歡的home center，我還順便考取了駕照。托大家的福，充滿男子氣概的工作室順利完成！

狹小空間收納術：
帶來實用效果的洞洞板

在工作桌前方的牆面貼合木板，並以木螺絲固定「洞洞板」。壁掛收納的優點是在哪裡放置了什麼，一目瞭然，非常方便取放。

工具壁掛板的安裝

1 灰泥粉刷抹刀吊掛在ㄇ字釘製作的掛鉤上。 2 以螺絲固定「C型管夾」，鐵鎚及鉗子剛好可插入收納，方便養成「使用完歸位」的習慣。

這也是
HC買到的好物！

在「CAINZ」購入的附網籃燈罩吊燈，是室內工地現場使用的物品。簡單無過多裝飾的造型極具魅力。

使用鐵製地板支架
就能簡單地製作堅固的收納架

在窗邊設置收納油漆工具的收納架。「鐵製地板支架」是支撐地板的五金，結構堅固＆不加修飾的氣息立即吸引了我的注意。

油漆收納架的安裝

1「鐵製地板支架」的L型角鐵處重疊放置2片SPF材，在側面以螺絲固定。最上層的L型角鐵則面對牆壁，固定於窗戶橫木與增加的木板。 2 素面油漆罐也是在HC購入。

玄關的照明
也是從無到有親手製作

在木材餘料上固定「附電線燈座」（螺絲燈泡燈座），製作桌燈。裝上燈泡後，套入＆固定鐵網燈罩即完成。製作方法非常簡單，推薦給大家！

以PVC塑膠管
製作室內托鞋架

這是我初次使用「PVC塑膠管」的作品。以L型的「彎頭」與三向有洞的「三通接頭」連接長管，能自由組裝出各種造型。上方以「束帶」連接固定。

兼具裝飾功能的
造型筆筒

因玄關備用的鉛筆經常不見，在思考如何解決這個問題時，想到在紅磚瓦上以電鑽鑽洞，作成筆筒的創意。擺放在固定的專屬位置，就不容易不見；與綠色植栽搭配，也呈現室內裝飾般的效果。

改造全黑的市售鞋櫃，貼上木板，讓整體氛圍更加柔和。
層疊木箱的櫃子則作成放置小物的開放式收納空間。

在合適的位置發揮材料特色
進行短時間可完成的區域式手作
是我近期的關注重點
空閒時，正好可構思下次的DIY創意

尋物時間！

由衷感謝home center減少了我的

home center吸引我的獨特魅力。

的方式收納＆融入布置中，是

能讓需要的物品以流行時尚

感到比較安心。

心內容等，孩子們看到也會

言，如工作結束回家的時間＆點

便條紙，每天寫上給小孩的留

點位置。在容易看到的位置放上

都會使用的鉛筆也製作專屬的定

帕及面紙收納在木箱抽屜，每天

樣，小孩們每天要帶去學校的手

置」是首要之重！玄關也是一

所以「使用物品配置在使用位

麼整理，家中一定很容易雜亂。

同時養育四個小孩，不管怎

可依喜好長度裁切的
捲筒式便條紙

木板上方橫向固定「不繡鋼門栓（ステンレスカンヌキ）」，像廁所衛生紙架般，插入紙捲。再以2個「不繡鋼鐵片」壓住紙張。

以壁掛植栽
點綴生生不息的活力

鹿角蕨的人造植栽莖部長，使用2個稍大的「C型管夾」固定於柱子上，插入植栽。植栽與五金的搭配，恰到好處

THE FORCE IS STRONG WITH THIS ONE
REACH FOR THE STARS
BE YOUR OWN KIND OF BEAUTIFUL
YOU'VE GOT THE WHOLE WORLD IN YOUR HANDS
ATTITUDE IS EVERYTHING
YOU ARE BRAVER THAN YOU BELIEVE, STRONGER...
SHINE
...THAN YOU SEEM AND SMARTER THAN YOU THINK
KEEP CALM AND SHINE ON
IF YOU CAN DREAM IT YOU CAN DO IT
BELIEVE YOU CAN
BE WHO YOU ARE AND SAY WHAT YOU FEEL BECAUSE
THOSE WHO MIND DON'T MATTER AND THOSE WHO MATTER DON'T MIND
YOU'RE ONE IN A MILLION

雖然物品很多
也能打造零生活感的玄關

剛入住時是和式的陰暗玄關，塗上
全白的灰泥及油漆後，氛圍煥然一
新。收納也統一集中於置物櫃，盡
量保持整齊不凌亂。

有效利用和室寢室的凹間，設置了收納衣服的衣
櫥。牛仔褲只穿過一次還不用洗，但又不想放入
衣櫥⋯⋯我因此想到了在上門框安裝掛鉤，吊掛
牛仔褲及襯衫的點子。基底木材上添加圖案後，
也提昇了整體空間的活潑感。

**吊掛襯衫＆牛仔褲的
摩登衣架掛鉤
隱藏了和室櫥櫃氛圍，可謂一舉兩得**

1 空間規劃重點在呈現服飾店
的陳列風格。使用上也相當順
手。 2 衣架掛鉤使用「吊環
螺栓」，並在木板背面以「六
角螺帽」固定。 3 牛仔褲吊
掛在「伸縮器」上，外觀也很
時髦。 4 植栽吊籃也是使用
home center的麻繩編織製
成。

待油性木材著色劑乾燥後，慢慢地撕下紙膠帶。選用SPF材，是因其容易吸附油性木材著色劑。

紙膠帶確實地貼好後，以排刷從上方將整塊木板塗上油性木材著色劑。

SPF材貼上紙膠帶，作出三角山形圖案。左右兩段紙膠袋重疊的銳角處，以美工刀裁切整齊，成品的線條將更俐落美觀。

工具&材料
電鑽、直徑18mm電鑽鑽頭、排刷、抹布、寬89×厚19×長1820mm的SPF材、寬1cm紙膠帶、M12吊環螺栓3個、M12六角螺帽3個、單桿毛巾架、鉛筆、橡木色油性木材著色劑、38mm木螺絲

以螺絲固定掛鉤於上門框。使用38mm木螺絲固定4至5處，比較安心。安裝於裝飾橫木上也OK。

打好的洞穿入「吊環螺栓」。將凸出背面的螺絲嵌入「六角螺帽」，確實鎖緊固定。

以鉛筆在金屬零件的安裝位置作記號，以裝好直徑18mm鑽頭的電鑽打洞。

麻繩收納架作法

工具&材料
電鑽、直徑18mm電鑽鑽頭、38mm木螺絲、油性木材著色劑、排刷、25mm正方形杉木角材440mm 4支・265mm2支・215mm1支、粗16×285mm全牙螺絲2支、M16六角螺帽4個、鉸鍊2個

方便快速抽取繩子&膠帶的梯式收納架

之前困擾著我的問題是麻繩&膠帶類的收納。在home center發現「全牙螺絲」時，靈機一動地想到利用它好像可以作出收納架！需要繩子的時候，可以一圈接一圈地順暢拉線，再也不會纏繞在一起！與分開收納不同，庫存多少能一眼就知道，也能避免購買過多的材料。

對齊步驟3・4的組件，在左右兩處，以鉸鍊連接上側的265mm角材。只需約30分鐘即可完成！

將2支440mm角材與215mm角材組合成H形，鎖入木螺絲固定。2支角材的裁切面處放置265mm角材，再以木螺絲固定。

將265mm角材固定於步驟2上緣橫切面。以電鑽鎖入38mm木螺絲固定。完成單側組件安裝。

平行放置2支角材，洞口穿過「全牙螺絲」。兩端皆鎖上「六角螺帽」，使「全牙螺絲」不會從洞口鬆脫。

角材塗上油性木材著色劑。並排2支440mm的角材，對齊位置，以電鑽各開2個洞。

我很喜歡呼朋引伴到家中來，但家裡是2LDK格局的小空間，在餐廳擺上小作業台，就無法放餐桌……那在作業台上加上桌板，就可以在這裡用餐了吧？初步有了想法後，我立刻起身前往home center購買材料。為求成品牢固耐用，以鐵製地板支架取代桌腳實在是非常正確的選擇。造型有個性＆堅固的吧台完成！

小孩們在這裡享用早餐及點心。朋友來訪時，空間變身成音理繪的居酒屋。「歡迎光臨，想要吃點什麼呢？」我非常享受像老闆娘一樣來接待客人的時光。

此外，家中的家具及收納也是以我的手作品居多，home center在家中各個角落都發揮了重要功能。

白天是小孩的點心咖啡廳
晚上偶爾變身成「音理繪的居酒屋」！
打造出散發男子氣息的吧台
是我享受家中時光的新樂趣

SASAKI ORIE　佐佐木音理繪小姐

不加修飾
保持原樣就很帥氣

為了確保動線，寬度267mm的桌板雖小，以用餐空間來説已算足夠。鐵製桌腳也為整體增添了陽剛味。

吧台餐桌的安裝

SPF材的桌板以層板支架鎖在吧台上，但只有這樣令人有點不安心，因此在木材外側以螺絲固定長65cm的「地板支架」。如此一來，即使承載小孩的重量也不用擔心。

搭配吊掛物品
選擇掛鉤的樣式

兼具通往玄關走道功能的餐廳。以建築材料手工製作出吊掛圍裙、桌巾、外出眼鏡及手鐲的掛鉤。

掛鉤的安裝

1 木材餘料上漆後，以木螺絲固定「窗扇固定五金」即完成。可吊掛桌巾及圍裙。 2 利用把手造型般的「C型管夾」，勾掛眼鏡。

以松木片與ㄇ字釘
改造餐具櫃

將二手商店購入的餐具櫃貼上木板進行改造。下半部特別排列成魚骨狀＆更換把手，讓整體設計煥然一新！

改造餐具櫃的安裝

以附把手的名牌標＆「ㄇ字釘」取代把手。魚骨圖案是將40×9×130mm松木片組合成L型＆以木工用白膠貼合，再裁切修齊突出的部分。

編織麻繩
製作植栽吊籃

參考國外網站看到的花邊結編織影片，製作了組合菊花派盤的植栽吊籃。購物籃也利用鐵鍊吊掛收納。

鐵鍊吊籃的安裝

植栽吊籃以在HC發現的園藝用麻繩編織而成。使用「卸扣」吊掛鐵鍊，懸掛籃子的掛鉤是「鐵鍊掛鉤」。

用心構思、手作，改造
空間是我轉換心情的方
式。正因為是空間狹小
的公寓，打造出時尚感
更加有成就感。喜歡的
home center 是
「Joyful AK」。

單人座沙發區
×單人用的小邊桌

在餐具櫃後方，打造了小型休憩空間。可以在這裡喝杯咖啡，練習最近開始學習的吉他，渡過療癒的時光。

吉他掛架

琴頸剛好可以掛在雨水槽零件「立管支撐架」上方。以木板固定在餐具櫃側邊，成為專屬的收納位置。

咖啡桌

將加上邊框的層板與背板呈直角組合，簡單完成！僅在上層拼組魚骨圖案，並加上「ㄇ字釘」避免杯子滑落。

面紙盒套

以園藝用麻繩編織面紙盒套。使用鈎針編出盒型，加上標籤即完成。

家中格局是2DK含1個壁櫥
緊湊的空間不易擺放市售收納家具
因此利用HC的便利物件DIY物品收納區

家中的公寓格局是3個6張榻榻米空間的房間並排。一進玄關，就能一眼望盡最裡面的房間，再加上窗戶旁和壁櫥位置不易擺放家具，都令我感到困擾。

思考解決辦法時，想到可以利用上門框，或以家具側面及背面創造收納空間。這時候，建築安裝用的五金零件就扮演了重要角色。到home center找尋便利物件，也變成了我近期的新樂趣。

除了私人因素之外，目前任職的選品店也正好請我進行店內的改裝，隨著更頻繁地進出建築材料賣場，以前沒看過的五金也映入眼簾。向店員詢問使用方法等問題時，他們都很樂意回答我的任何疑難雜症，home center甚至變成我的學校呢！

改造立式煙灰缸盒的收納櫃及抽屜也是在home center靈光一閃的創意。俗氣的物件透過創意發想，也能變身摩登家具，挖掘有改造潛力的物件真的非常有趣呀！

設置在窗邊的
工作室空間

工作桌運用「昇降式書桌」改造而成。將鐵製收納櫃塗黑，貼上木邊框，使其更加融入整體居家風格。

書擋

將組合屋架（建築結構）用的角材連接用五金「桁架夾」固定於木板及工作桌。推薦選用有厚度的木板。

使用煙灰缸鐵盒
手作桌上型抽屜櫃

最適合的桌上型抽屜櫃尺寸莫過於「煙灰缸鐵盒」。塗上橄欖綠，以「C型管夾」製作把手，突顯設計感。

③ 步驟2加上背板。在頂板＆側板合適位置，鎖入數個細長螺絲固定。以海棉塗上油性木材著色劑，完成外框。

② 側板長度的正中央位置放入中板，從側板的側面鎖入細長螺絲固定。鎖螺絲之前，仔細確認木板呈水平。

① 側板的橫切面（與木紋呈垂直的斷面）對齊頂板，以電鑽鎖入細長螺絲固定。

⑤ 待油漆乾燥後，裝上「C型管夾」。以電鑽打出螺絲孔，背面墊上木材餘料，鎖上螺絲固定。

④ 以排刷將鐵盒上漆。顏色選用時髦店家會使用的橄欖綠。上2次漆，使顏色完全覆蓋鐵盒的圖案。

┌─────────────────────┐
│ **鐵盒抽屜櫃作法** │
└─────────────────────┘

工具＆材料

電鑽、螺絲孔用鑽頭、Kanpe Hapio水性塗料、核桃色WATCO木器塗飾油、排刷、海棉、煙灰缸鐵盒2個、寬235×厚12mm松木材側板：長370mm 2片、頂板＆底板：長280mm、中板：長256mm、280×3×394mm背板用合板、25mm細長螺絲、48mmC型管夾2個

將立式煙灰缸腳架
改造成摺疊式收納架
用於展示綠色植栽非常方便

當我在home center踏板區，發現日本車站及超市外面經常看到的簡易型立式煙灰缸架的腳架時，靈感一現，覺得腳架上漆後應該會很帥氣！試著組合2組腳架，中間放上木板，完成了時尚的植栽展示空間。放置在窗邊不會感到壓迫感，移動也輕鬆方便。

盆栽裝飾

在混凝土區找到的黑色橡膠桶，以白色塗料施以模版印刷，呈現帥氣感。

植栽展示架作法

工具＆材料

作業用手套、砂紙、黑色壓克力顏料、深核桃色油性木材著色劑、畫筆、海綿、抹布、立式煙灰缸腳架2座、厚235×高12 ×長950mm松木木板2片

  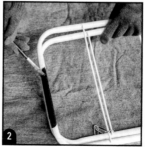 

4 乾燥後，2座煙灰缸腳架各放在左右側，放上2片木板即完成。是不是稍加創意就大變身了呢！

3 以海綿將層板塗上「油性木材著色劑」後，快速地以抹布擦拭。採不均勻的方式擦塗，有傷痕色及弄舊也沒關係。

2 塗上壓克力顏料。因塗色面積小，不使用排刷，以畫筆上色快速又漂亮。

1 為了讓塗料容易上色，以砂紙摩擦煙灰缸腳架，製造擦痕。砂紙包覆木材餘料，使用起來會比較順手。

利用頭頂空間收納物品——
如果想要一個沒有壓迫感的掛架
點焊鋼絲網是非常適合的素材

為了改善餐廳廚房收納空間不足的問題,打算DIY櫃子時,意外發現了「點焊鋼絲網」。作為經常被使用在混凝土中的補強材料,優點是材質堅固。因為是網片,安裝在窗戶及門框上也不會讓人感到壓迫。能夠自由地吊掛各種物品。

吊掛掛架作法

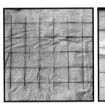 

工具 & 材料

電鑽、直徑3.5mm的電鑽鑽頭、鉛筆、角尺、鐵鎚、油性木材著色劑、海棉、抹布、3.2mm點焊鋼絲網 1000×500mm、寬度一半的1×4角材 長1035mm‧450mm各2支、15mm木螺絲、L型外角鐵4個、防強風角材連接用鐵片 2個、鐵鍊、卸扣、羊眼掛鉤

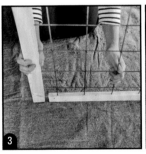

1 1035mm的 1×4角材與點焊鋼絲網長邊對齊,在網片前端對齊處作記號。

2 以裝好鑽頭的電鑽在記號位置鑽出深3mm的洞。洞口插入網片。

3 網片的短邊對齊450mm的1×4角材。切齊木框的接觸面,作記號&打出深3mm的洞。

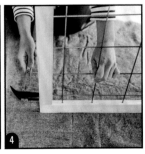
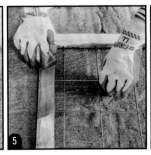
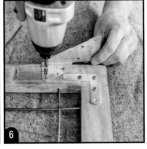

4 1×4角材插入網片前端,以鐵鎚敲緊,進行組裝。檢查外框邊角確實卡緊。

5 整體形狀完成後,以海棉將木材塗上「油性木材著色劑」。使用抹布擦拭後,靜置乾燥再進行下個步驟。

6 四個邊角以木螺絲鎖上「L型外角鐵」補強外框。面向牆面的木框上,對齊外側表面,加強固定防強風角材連接用鐵片。

7 在靠近自己的木框邊角處,安裝羊眼掛鉤,扣上鐵鍊,再以「卸扣」連接窗簾滑軌。

以PVC塑膠管打造牆面收納架！
運用HC素材製作的家具及雜貨
看膩了也可以進行改造再利用
對於喜歡變換風格的我來說再適合不過了

NISHIMURA RIE　西村理繪小姐

客廳僅有6張榻榻米大小，
無法放置大型家具。「PVC
塑膠管」的手作收納架，利
用牆面創造了收納空間，
PVC塑膠管也比鐵立布輕巧
且不傷牆面。

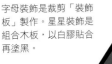

字母裝飾的材料

字母裝飾是裁剪「裝飾板」製作。星星裝飾是組合木板，以白膠貼合再塗黑。

鏡面收納盒也是手作品

將SPF材組成箱型，以雙面膠在背板上貼合「浴室鏡」，或以烤網為背板當作飾品架使用都OK。

我家是租賃的老舊平房。現在正在改造國中兒子的房間。最常去的是「ROYAL HOMECENTER」。

梳子刷具桶的原形是？

塗裝用品賣場的「迷你塗料桶」，簡單的素面款式，適合收納需要隨手取用的家用物品。

以PVC塑膠管收納架布置整理儀容的梳妝空間

「PVC塑膠管」塗上黑鐵色，以接頭組接造型管線，安裝於牆面。放上層板即可收納化妝品及飾品。

以混凝土作出喜歡的形狀

1 以「防水混凝土」製作而成的植栽盆。2 圓盆利用了杯麵的空碗取型。只要利用具撥水性材質的素材，任何形狀都可以作得出來！

麻布袋變身窗簾

1 使用「不繡鋼圓管底座」固定「不繡鋼圓管」。2 麻布袋上的文字是保留原有的印刷。

自從住進這個家中，改造居家風格是我每天的功課。從全白的自然系房間到採用黑色調的男性風格房間，接下來想創作成熟大人的外國風房間……新的構想仍不斷地湧出。

每次改造居家風格時，都覺得處理家具實在是勞心又勞力。

舉例來說，像是床鋪及衣架掛架等，大型家具處理需要費用，搬動也很麻煩。總要查很多訊息，使用能便宜轉讓的服務，找附近鄰居承接，才能清除掉大型家具。

但是，最近迷上的home center中有各種物件能解決我的困擾。為什麼這麼說呢？因為職人使用的零件及五金，設計極為簡約，不論是組裝或拆除都比木工簡單，可以簡單地進行改裝。

因此最近幾乎每天都會去逛home center，有時候還騎自行車跑2、3間。對我來說，home center是改造居家設計的強力夥伴。

處理掉圓管床架，製作棧板床架。床頭板也是使用棧板，直立固定。簡約LOFT風格的寢室完成！

74

不久前將原本帶有陽剛氣息的寢室
改造為成熟簡約的風格
統一質樸色調呈現素材原有的感覺

以前的寢室因為擺放了衣服收納盒，且裝飾了許多雜貨；在整理衣服時，空間總是會變得很凌亂。因此我轉念一想，改為開放式收納或許就比較不會增加雜物？

處理掉收納盒，在牆面安裝層板，並排著摺疊好的衣服，幾乎就像服飾店一般。接著移除佔空間的掛衣架，以從天花板利用鐵絲吊掛的直管取代。雜貨只裝飾在PVC塑膠管的層架上，整體空間立刻變得十分清爽俐落。因嚴選的色調及素材，終於完成了想像中的「國外LOFT風」寢室，內心的滿足真的難以言喻！

將原本放置衣服收納盒的牆面，貼上木柵欄背板，安裝SPF材的開放式層架。發現空間不夠放時，也能提醒自己檢視衣服的數量。

毛毯及床用織物的隱藏式收納

塗料桶作為床邊桌，還兼具收納床邊毛毯及床用織物的功能。

使用鐵絲垂掛更顯輕巧

天花板垂吊式的掛衣桿，解決了市售掛衣架佔空間的困擾，也讓打掃地板變得更輕鬆。

容易凌亂的電線類時尚收納法

耳機及充電線等令人在意的各式電線，每1種類放入1個瓶子，再固定於床頭板，簡潔又清楚。

混凝土製作文字擺飾展現簡約成熟的大人品味

直接呈現混凝土的灰色，帶點冷冽的感覺，令人無法忽視。無需其他裝飾就很有型！

塗料用鐵桶

將泥作職人倒入塗料使用的「塗料桶」漆成雙色後，利用模版塗漆，印上文字。

垂吊式掛衣桿的安裝

「不繡鋼鐵絲」穿過「不繡鋼直管」後，以專用夾具「鋼索固定器」固定成掛環狀。

以螺絲固定白鐵管束

「白鐵管束」原本是用於固定水管的工具。能夠緊密地夾住瓶子，確實固定。

底台是製作重點

為求裝飾時能穩定擺放，保持底部平整極為重要。靜置乾燥時，在下方放置木條，成品線條會比較漂亮。

將PVC塑膠管漆成黑鐵色
製作布魯克林風的管線收納架
重量輕巧，組裝也簡單

全白牆面×黑鐵色管線，俐落又時髦。PVC塑膠管以連接用的接頭就能簡單地組組起來。能夠搭配自己喜歡的尺寸及設計，且重量輕巧，可以安裝在各種位置，非常方便應用。但是也因為強度偏弱，不可乘載過重的物品。

PVC塑膠管收納架作法

工具＆材料
切管器、PVC塑膠管、彎管＆直筒接頭、法蘭片、快乾膠、底漆（讓樹脂材質容易上漆的塗料）、水性塗料「TRY PAINT」棕色、「Buttermilk Paint」墨水黑、銀色壓克力顏料、海棉

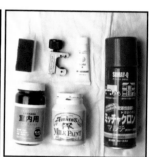

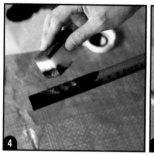

4 海棉先沾取黑色塗料，將直管整體以按壓方式上色。第二層上色，混合棕色及銀色，隨意拍上顏色。

3 在烘焙紙上預備3種顏色的塗料。用量比例約為墨水黑5：棕色3：銀色2。

2 「PVC塑膠管」無法直接以塗料上色，須先噴底漆，塗料才容易上色。

1 以鋸子裁切直管也OK，但以「切管器」裁切的斷面更漂亮。只要夾住旋轉就能輕鬆裁切。

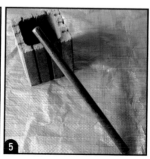

7 因為黏牢後就無法簡單拔開，請預先思考好想要的設計，再進行連接。最後以「C型管夾」固定於牆面。

6 若想使接管處緊密連結，快乾膠是方便的選擇。在直管前端塗上快乾膠後，立刻插入接頭連接。

5 請特別注意：直管要架放在有高度的物品上靜置乾燥。餘材或任何物品皆可，利用弄髒也沒關係的物品來支撐直管，等待乾燥。

比起使用仿舊風的LOGO
混凝土製作的字母擺飾品
成熟大人風更貼近我現在的調性

混凝土擺飾品最近很吸引我的注意。但我作得出來嗎？先利用牛奶盒從盆器開始製作挑戰，竟比想像中簡單！只要把模型作好，放置一個晚上就能完成。水份如果過多易有裂縫，依天氣不同成品也會有微妙地差異。但多試作幾次，就能找到製作手感。

混凝土字母擺飾品作法

工具＆材料
美工刀、量尺、裁切墊、空的2L保特瓶、塑膠湯匙、支撐植物用木材、60分鐘防水混凝土（快乾水泥）約1kg、廚房用瓦斯爐保護墊、紙膠帶、文字的紙型

4
使紙膠帶接合處無縫貼合是成功的祕訣。整體側面貼合完成後，倒入混凝土的模型完成。

3
順著文字邊緣，以紙膠帶將步驟2呈直角貼合。「廚房用瓦斯爐保護墊」的防水面請朝向內側。

2
裁切寬10cm的「廚房用瓦斯爐保護墊」，作為包圍文字邊緣，作出立體形狀的側面片。

1
反轉文字，使文字紙型背面朝上，以紙膠帶固定於「廚房用瓦斯爐保護墊」上方，沿著紙型以美工刀裁切。

8
表面以湯匙整平後，底部面放置木板，輔助底部平整定型。放置一晚乾燥後，卸除模型即完成。

7
將混凝土倒入模型中。直接從保特瓶倒入，細微處以湯匙平均地抹順修飾。

6
倒入水後，以湯匙均勻攪拌至鬆餅麵糊般的柔軟度。因為是速乾型，所以乾燥速度很快喔！

5
切除保特瓶的上半部，倒入混凝土粉末，加水。混合比例基準是混凝土1kg加水200至230ml。

home center選物！
挖掘時尚雜貨元素
もと

不擅長DIY的人，也能在home center找到樂趣！乍看之下與時尚質感雜貨沒有關係的
home center，仔細挖掘，就會發現很多還未雕琢的原石。試著逛逛平常不會進入的農
業資材、塗裝用品及包材等賣場，找找看本單元介紹的隱藏性時尚雜貨吧！

設計簡單的業務用雜貨
稍加巧思就能變身時尚雜貨
一起來看看我家的應用物件吧！

NAKAMURA KAORI　中村香織小姐

在第2章中傳授home center
尋寶攻略的中村香織小姐，
可說是將業務用雜貨變身時
尚單品的領航者。

「其實在home center中也有很多時尚質感雜貨呢！」3年前，規劃師中村香織帶著
企劃到編輯部時曾如此發言。以下就將公開分享改造前後的時尚雜貨們。

室外用流理台

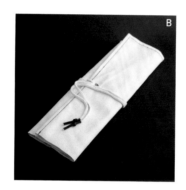

鋸刀收納袋

燒杯・量杯

麻袋

工具刷

護樹麻製布帶

塗料桶

分裝瓶

沙袋

C　鐵製品的外觀格外俐落有型。搭配古
木材使用，質感更加提昇。
F　在「JOYFUL HONDA」發現裝填穀物
及飼料的厚麻袋。
I　「多用途塗料桶」的蓋子可密封，形狀
也是可以堆疊的設計！

B　附口袋的鋸刀收納袋。以繩子捲繞的
收納方式很時髦。
E　特別喜歡的平面排刷款式，可買齊不
同尺寸。
H　不確定要分裝什麼用，但是容器外觀
像大水壺，很可愛所以收！

A　令人大吃一驚的是，竟然有理科實驗
器具！右邊的大杯子是「附把手量杯」。
D　包覆樹木的麻製布帶。布邊使用白色
線作處理，可代替布料來使用。
G　放入吸水性樹脂的堅固麻製沙袋，袋
口為縫線封口。

C 廚房收納架

在賣場發現這個可堆疊的架子時，立刻想到可以作成廚房的收納架。其中一座，嵌入厚24cm的杉木板取代網片。

B 餐具收納袋

承接外燴工作時，需要一個適合攜帶麵包刀及砧板的收納袋。加入模版印刷字樣後，質感明顯提升。

A 植栽量杯

料理裝盤時，提味用的香草是我們家的必需品。終於找到了適合擺放在廚房，不會有損潔淨感的容器。

F 廚房地墊

沿著紅線，加上模版印刷文字。60×100cm的尺寸也剛剛好。雖然有點石油的氣味，清洗後就沒問題了。

E 桌上小掃帚

只要將握把塗上多彩顏色，就變身成可愛雜貨。吊掛在餐桌旁的牆面，需要時順手就能取得。

D 餐桌裝飾

庭園晚餐的餐桌布置很適合使用「護樹麻製布帶」。搭配長餐桌時，建議不裁切直接使用。

I 垃圾桶

優點是能完全密封住不好聞的氣味。直徑30×高40cm的容量相當充裕。繫上麻繩及帆布製作的分類標籤。

H 清潔劑時尚瓶

裝入補充用的液體清潔劑，貼上標籤。雖然需要使用量杯測量容量，但我很喜歡裝瓶的感覺。

G 抱枕

裁開袋口線，取出中間的吸水性樹脂，塞入抱枕＆摺疊多餘的部分。也適合在室外使用。

每當規劃師＆外燴工作遇到不知如何作搭配的瓶頸時，我都會為了找靈感逛逛這兩個賣場。以梨子袋包裝點心已變成我長年愛用的獨家技巧，開發出方便餐桌布置的護樹麻製布帶新用法……都是因此不斷挖掘出的寶物。在塗裝用品賣場找到造型簡單的水桶，也在我們家的清掃工作中發揮極大功能！若發現物件原本的造型有些不足，或許可以動手加入標籤或模版印刷，但有時過多裝飾反而效果不佳。如何讓簡單設計更加吸睛，就是你展現創意實力的時刻了！

在農業資材＆塗裝用品區
能找到許多雜貨類物品
試著讓賣場中看起來樸素的物件
在日常生活中發展出更多功用吧！

清潔刷

工具收納袋

可堆疊的螺絲分類盤

抗UV生態袋

枇杷袋・梨子袋

蔬菜盒

護樹麻製布帶

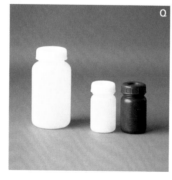

塗料用廣口瓶

附提把水桶

L 塗底漆用的刷子。選用硬毛刷，木握片的質感極佳。
O 環保塑膠沙袋，輕薄耐用，賣點是抗紫外線。
R 偶爾登場使用！很像布卷，但一整卷的價格相比布料非常划算。

K 木工職人的工具袋，帆布材質，堅固硬挺。底部有加裝袋底釘。
N 表面上蠟的袋子。側邊加入鐵絲，使用更方便。
Q 分裝塗料及藥品的瓶子。有大小不同的尺寸，蓋子可密閉。

J 這是螺絲分類專用盒。堆疊組合，就變成可旋轉取物的優質良品。
M 超市常見裝小蕃茄的容器。
P 這簡單的設計令我一見鍾情。塗料用的附提把水桶，單價便宜容易入手。

L 洗鞋刷具

植物纖維的毛硬度剛好，能徹底洗淨髒掉的帆布鞋。木握柄塗上木材著色劑，再以油性漆加上模版印刷字樣。

K 環保袋

將工具收納袋印上模版印刷的LOGO，縫上背帶，變身成環保袋。背帶縫合於袋口下方10cm以上的位置。

J 調味料罐收納架

利用中央支柱往上層疊第2個、第3個，擺放於吧台及餐桌。數量再多的調味料罐也能通通擺上去，需要就立即拿取，真的很方便！

O 換洗衣物袋

將束口繩掛於牆面的角材連接用五金上，當作換洗衣物袋使用。毛巾架是p.49介紹的快取式腰帶用掛鉤。

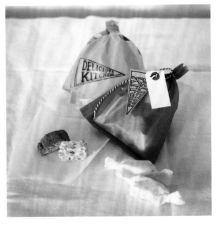

N 點心包裝袋

以烘焙紙包覆手作的格蘭諾拉麥片棒，再放入梨子袋或枇杷袋中。綁住袋口的繩子及白色標籤也是在home center購入的物品。

M 保鮮盒

蔬果盒底部鋪上插花用海綿，插上裁短的花朵，製成花禮盒。放入點心時，可貼上手作的貼紙標籤。

R 玩具收納袋

粗糙質地黃麻布的魅力是帶有質樸的觸感。只要直線縫一下就能完成束口袋，收納積木等玩具特別好用。

Q 清潔劑分裝瓶

在我們家，會定期定點補充清潔水槽週邊的小蘇打。以漏斗分裝小蘇打也是件有趣的工作。

P 打掃用水桶

喜歡它比普通水桶稍微小一號的尺寸。因為將模版印刷的文字加塗了亮光漆，即使溼掉，文字也不會脫落。

0929
0524
1120
1208

CONGRATULATIONS TO THE NEWLYWEDS!

ZAKKA
O2
ARRANGE

裝飾條畫框區

玄關的一隅集合了各式畫框。其中幾個是直接在木板牆面上,以裝飾條安裝外框,簡單手作而成。

西洋畫中出現的可愛空間設計
&吸引目光的櫥窗展示……
我特別喜歡一邊翻找記憶中的筆記本
一邊在HC找尋重現記憶中場景的方法

KUMAMARU SAKI　熊丸沙季小姐

從以前就喜歡室內空間設計及手作,走在街上時也習慣觀察周遭的設計。要製作什麼東西的時候,就會從腦海中的庫存場景中找靈感。在西洋畫登場的可愛女孩房間,逛街時注意到衣服店的展示及配色等,靈光一閃的記憶深深映入腦中,在特別的時刻總會突然想起。

對我來說,比起其他事物,讓我的記憶畫面真實呈現的大功臣就是home center。在賣場找到沒看過的物件時,經常突然湧現「可以用這個來重現」的靈感!回到家後進行試作的時光更是特別令人開心。雖然也有失敗的時候,但順利進行時的喜悅也更是加倍。

最近的熱門創作,是以乒乓球製作的圓球裝飾燈,以及貼上數字貼紙的裝飾畫框,每件都能簡單完成,讓房屋瞬間提昇時尚氛圍。正因如此,我才無法戒掉對home center熱愛的啊!

將客廳牆面打造成「面具展示區」。牆面及地面塗成純白色。三角造型黑板也是以合板及SPF板製作完成。

C

黑色圖畫紙

→ 黑色三角旗&牆面字母裝飾

1 圖畫紙裁成三角形，重疊邊端&縫合成一長條即完成。上方2條是裁切木材製作而成。並以紙膠帶添加圖案。 2 以圖畫紙裁下長36×寬25.5cm的大尺寸字母後，貼在白牆上，打造讓人印象深刻的牆面。

B

數字貼紙

→ 數字組合字框

只要將「數字貼紙」貼在以合板及角材製作的字框中，即完成簡約又有大人格調的畫框展示品。

A

U型螺栓 × 腳輪

→ 繪本推車

使用木材餘料製作繪本收納推車。設計重點在大尺寸車輪及把手。使用210mm「U型螺栓」與95mm「腳輪」製作。

E
紙漿花盆
→ 鈴鐺造型裝飾燈

「裝飾燈串」的燈泡隨機地套上底部打洞的園藝用「紙漿花盆」。從天花板垂吊，營造華麗氛圍。

D
乒乓球×瓦楞紙
→ 圓球裝飾燈

主體造型框使用寬900mm×長10m的「瓦楞紙捲」。燈泡是以乒乓球包覆「裝飾燈串」。

從以前，我就很喜歡花功夫把事情做好。比起非找到想要的東西不可，「想方法解決現有問題」對我來說更有成就感。

我喜歡Home center的業務用物件，正是因為它的設計極為簡單，能夠更容易地進行改造。原裝出令人心動的禮物也很有趣。

本平凡無味的塑膠容器，只要貼上標籤、加上手繪LOGO，整個感覺截然不同。

量販的紙杯及標籤也是以100個為單位，非常划算。製作小禮物時，不覺得心疼，構思如何包

業務用品因為沒有裝飾
可以自由發揮
大量購入的價格更划算！

WRAPPING GOODS 包裝用品

H
牛皮紙
→ 訊息字條包裝紙

將借來的書或CD，漂亮地包裝後歸還，並加上感謝小語傳遞心意吧！以牛皮紙包裝後，貼上自製標籤或黑白照片。

G
紙杯
→ 造型紙杯容器

集合數個小型的手工作品，放入紙杯，以塑膠袋包裝＆加上標籤，即完成可愛的伴手禮。

F
牛皮紙
→ 三角立體包裝袋

「牛皮紙」是我經常運用在包裝上的選擇。以書寫上文字的紙膠帶來裝飾，也很有趣！

K

塗料桶
➡ 植栽裝飾外盆

將塗裝用品賣場發現的「塗料桶」漆上灰色漆，作成蘆薈的裝飾外盆。底部安裝腳輪，方便輕鬆移動。

J

黑盆×油壺
➡ 室內花園

沒有任何裝飾造型的「黑色塑膠花盆」及車用機油壺「長嘴注油器」，簡單以馬克筆寫上文字，就變得很時髦。

I

人工草皮
➡ 字母裝飾框

使用庭院的人工草皮餘料，將朋友製作的英文字板上漆後，以白膠貼合，再以圖釘固定於牆面。

N

報紙收納袋
➡ 織品收納箱

重疊三片紙製的「報紙收納袋」。最外層的1片塗上水性漆，中間兩片袋口外翻。可收納抱枕＆膝上毯。

M

密封容器
➡ 玩具收納桶

食品用的「塑膠製密封容器」以白膠貼上自製標籤，秒變玩具收納桶。因為造型簡單，改造時也能自由發揮。

L

不繡鋼網片
➡ 鐵網推車

確認了一下網片區，找到觸感不會太硬也不會太軟的「不繡鋼網片」。捲成筒狀，加上底板，收納推車快速完成！

將美國電影中常見的圓球裝飾燈改造成我的風格

還記得電影場景的時尚酒吧裡，一閃而過的圓球裝飾燈令我留下深刻的印象。查詢作法後，發現出乎意料地簡單，所以嘗試挑戰看看。外框使用「瓦楞紙」，塑型成各種形狀都沒問題。只要安裝了裝飾燈，就能讓空間氣氛變得明亮輕鬆。

圓球裝飾燈作法

工具&材料
剪刀、鉛筆、筆刀、排刷、黑色水性塗料（消光款）、熱熔膠槍、雙面膠、黑色紙膠帶、瓦楞紙卷 底板用：60x45cm 4片・側邊用：寬20×長90cm 2片（寬幅對摺後使用）、裝飾燈串 1條、乒乓球 16個

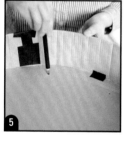 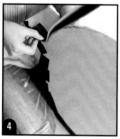 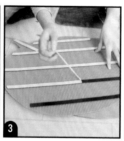  

5 在底部安裝燈泡位置作記號，以刀片割開穿孔。約取間隔3cm，畫出16個圓。

4 黏貼步驟3底板&步驟1的側邊。側邊沿著底板邊緣，以紙膠帶無縫隙地貼合。

3 在此使用厚度偏薄的2mm「瓦楞紙卷紙」，因此須重疊4片以雙面膠貼合，增加強度。

2 在底板用紙上，畫寬60×高45cm的對話框圖案，以剪刀剪下。形狀可自由設計，隨興畫也OK。

1 裁剪「瓦楞紙卷紙」。裁下2片寬20×長90cm側邊用紙，寬幅對摺後備用。

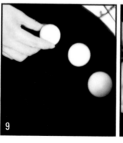  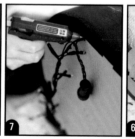 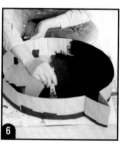

9 將露出正面的「裝飾燈串」覆蓋上乒乓球。對話框圖案中留白處，貼上喜歡的英文字母貼紙即完成。

8 以刀在乒乓球上開洞。劃出嵌入燈泡的十字開口。

7 從背面自孔洞處一個一個地插入「裝飾燈串」的燈泡，再以熱熔膠槍黏合燈座及紙板。

6 以排刷塗上黑色水性塗料，靜置乾燥。塗滿內側及外側整體。底部背面因為看不到，所以不塗也沒關係。

重量輕巧好推拉
看得見內容物也是優點

希望海報及牛皮紙能整齊收納，而設計出來的物件。使用在網片區發現的不鏽鋼網片，並安裝腳輪，方便移動。接合處的裝飾皮革，為成品加上了設計感亮點。

鐵網推車作法

工具&材料
電鑽、剪鉗、量尺、釘槍、熱熔膠槍、不鏽鋼網片1000×400mm、椴樹合板厚12×直徑300mm、直徑32mm腳輪4個、粗1mm銅絲70cm、10mm木螺絲、皮革40×600mm 2片

6 為求兼具安全及裝飾性，網片接合處使用皮革包覆。從正面及背面各加上1片皮革，以熱熔膠貼合

5 「不鏽鋼鐵絲」接邊重疊處，以銅線打結固定。大約以7cm的間距，固定7個位置。

4 對齊椴樹合板與「不鏽鋼鐵絲」邊緣，圍繞一圈&以釘槍固定。

3 偶爾鐵絲會突出邊緣，因此請以剪鉗事先修齊，避免勾到收納物品。

2 「不鏽鋼鐵絲」的邊緣銳利，安裝時請特別注意。利用在邊緣放上量尺，摺彎重疊2層。

1 以電鑽將椴樹合板安裝上腳輪。平均地安裝4個腳輪，以10mm木螺絲固定。

三角立體包裝袋作法

工具&材料
剪刀、水性麥克筆、口紅膠、25×18cm牛皮紙、木夾

量販包裝的內容物數量充足
是HC包材的一大優點

包裝手作餅乾及可愛蠟燭等小物時，很適合使用三角粽包裝法。給朋友謝禮及贈送小禮物時，非常實用。將紙張摺成信封的形狀，垂直封住袋口即完成，作法超簡單！

6 信封中放入禮品，袋口往縱向打開對齊&摺疊2次，再以木夾夾住即完成。

5 翻至正面，以筆寫上喜歡的文字或畫上插畫。懷著對朋友的感謝之心，加工製作吧！

4 以步驟3裁剪處作為黏份，塗上膠水反摺貼合，製作出信封。進行至此的黏合面視為背面。

3 下緣的兩側縱向裁出切口，將上側的紙張下5mm，斜剪下側紙張的兩側邊角。

2 紙張左右側往中央重疊貼合。兩側邊重疊5mm，利用步驟1塗口紅膠處黏合。

1 長25×寬18cm的紙張放置在桌上，右側邊5mm寬塗上口紅膠。進行時，底下可鋪墊廢紙，避免口紅膠塗到桌面。

設置在洗臉台旁邊的清潔用品吧台區。吊繩收納架、瓶身上的標籤都是以HC小物手作而成。

以百元商品改造術培養起來的上漆技巧
＆從HC精挑細選的商品
打造不過分陽剛
帶有仿舊氛圍的雜貨小物

SASAYA MIYOKO　笹谷美代子小姐

ZAKKA
03
ARRANGE

B
肥皂盒
➡ 面紙盒

將塑膠肥皂盒蓋翻面，整體塗成雙色配色，施以帶點繡蝕感的上漆方法，更加有味道。

A
棉繩
➡ 展示架

將1×8角材打洞，穿過6mm的「包裝用棉繩」打結。安裝在牆面上的五金是「不繡鋼U型掛鉤」。

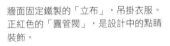

將一整面牆安裝層板，放入布盒收納衣服。洗衣夾上漆營造出仿舊感，夾上香氛包。

**在衣櫥區
大量活用HC商品**

牆面固定鐵製的「立布」，吊掛衣服。正紅色的「圓管閥」，是設計中的點睛裝飾。

E
**相框
→ 古董相框**

獎狀框塗上水性塗料的消光白色＆重疊灰色，營造褪色感。最後再以BRIWAX上色蠟，製造仿舊色調。

D
**廚房掛網
→ 壁掛裝飾**

這個是朋友幫我製作的雜貨。使用「廚房掛網」纏繞木材餘料，搭配標籤及花朵，作成牆面裝飾。

C
**試管
→ 花器**

以在實驗器具賣場發現的「試管立架」及「試管」，插上乾燥花。或以復古圖紙張包捲也很有味道。

動手製作物件是我從小的愛好，這幾年大多以百圓商店的雜貨改造為主，但最近迷上了home center製物。

Home center裡除了螺絲類、板材、油漆之外，連理科教室的實驗器材及繩索等不同領域的品項都很齊全。發現這件事後，不由得開始發想如何將賣場中的生活雜貨及工業用品作得更有趣的應用。

我特別注重原創的上漆方法。如何讓物品呈現仿舊感？我會自己思考方法，重複嘗試，並從錯誤中修正。成功營造看不出原素材質感及顏色的效果時，特別有成就感。

從水性漆到霧面壓克力顏料，各種塗料品項齊全，就是home center獨特的魅力。

WISH MY FAMILY
CAN LIVE HAPPILY
WITH A SMILE EVER AFTER

AND PERSON WHO CAME HERE
WILL BE HAPPY.

Wi-Fi

$$X = \frac{-b \pm \sqrt{b^2 - 4ac}}{2a}$$

You can learn various things.

空間改造後，11歲的長男開始在
這裡寫作業。我也逐漸增加了到訪
homecenter「Homac」的次數。

**為了愈來愈像哥哥的小學五年級兒子
近期的改造作品
是將小孩房設計成帶有男孩元素的空間
HC裡也很容易找到男子系雜貨喔！**

在home center看到PVC塑膠管及鎖鍊等工業用零件時，對於充滿男孩氣息的居家設計產生了興趣。所以在原本預定改裝的兒子房間裡，加入許多嘗試。

塑膠鍊經過塗裝後，能營造出繡蝕感的男子粗獷質調。米袋塗上顏色，加入LOGO，就變身成時尚收納包！

此次改造中，第一次使用的PVC塑膠管，不僅能自由地組裝出各種形狀，顏色改變，整個氣氛也會跟著變化，特別令我感到有趣。最終完成的空間設計，兒子很喜歡，親子都得到極大的滿足。

H
皮帶
➜ 書架

組接2片SPF材的層板，再利用2條扣起的「男性皮帶」吊掛＆以木螺絲固定。

G
PVC塑膠管
➜ 桌燈

希望增加照明，而使用「PVC塑膠管」製作的桌燈。能依自已喜歡的樣式來設計，極好上手。

F
燒杯
➜ 文具收納

以「燒杯」為筆筒，「三角瓶」則插入綠色植物。實驗器具直接使用就能呈現時髦雜貨質感。

K
砧板架
➜資料收納架

將塑膠砧板架上漆＆貼上手作標籤，變身自然融入書桌場景，全無違和感的資料收納架。

J
米袋
➜ 體育服收納袋

將2kg及5kg「米袋」上色，袋口外翻，安裝雞眼釦，再穿過「綿繩」作為提把。

I
繩索
➜ 窗簾束帶

「打包用的綿繩」繞圓後打結，使用皮革包覆打結處。以「圓形環」連結「鋅鉤」，製作出束帶

Garbage to the garbage box.

捨棄經典的全黑色
PVC塑膠管以棕色系塗料上色
更符合男孩房的氛圍

垃圾桶總是很難找到看起來時髦的設計？不如以PVC塑膠管親自動手製作吧！不使用布魯克林風的經典黑色，而是將PVC塑膠管塗上棕色後，重疊上淡黃色，營造出帶有我個人風格的鏽蝕感物件。

垃圾桶作法

工具&材料
塑膠手套、海棉、棕色水性漆、狐狸黃霧面壓克力顏料、13mm PVC塑膠管 240mm 4支．80mm 16支、彎頭8個、三通接頭8個、寬220×厚9×長220mm木板1片、土包袋（麻袋）1個、紙繩80cm2條

4 依步驟 3 作法組裝2個方框。「三通接頭」洞口統一朝上方或下方。

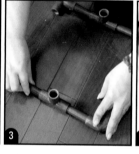

3 「三通接頭」左右各嵌入80mm直管，再接上「彎頭」，依此接法組裝成方框。

2 塗料乾燥後，以海棉隨意地塗上狐狸黃霧面壓克力顏料。

1 「PVC塑膠管」各部件排列在報紙上，以海棉一個一個地塗滿棕色塗料，靜置乾燥。

8 麻袋套入步驟 5 完成的框中。對齊底部後，麻袋袋口外翻，罩住塑膠管即完成。

7 麻袋的內部放入正方形木板。使底部平整，調整側幅。

6 對接麻袋底部的2個邊角，以紙繩在對接角的兩側都確實打結固定，作出側幅。

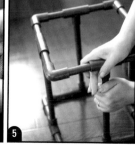

5 在「三通接頭」洞口插入240mm直管。安裝好4支直管後，直管另一端安裝上另一個方框。

桌燈選定鐵鏽藍
打造像秘密基地一般
令人雀躍不已的房間

時尚桌燈很高價，但以PVC塑膠管DIY製作的材料費用相當划算。在此使用的子彈頭公母接線端子的安裝方法稍微困難，需要很仔細地進行，但學會後就能擴大DIY的應用創作。在home center能以實惠的價格購入剝線鉗。

使用2個C型管夾固定於牆面。塑膠管安裝至書桌上方，書桌下方只露出電線。

桌燈作法

工具＆材料

電鑽（固定於牆面使用）、紙膠帶、剝線鉗、螺絲起子、海洋藍・棕色水性漆、海綿、內徑13mm PVC塑膠管610mm 1支・80mm1支・40mm1支、彎頭2個、異徑接頭1個、平行花線2m×1條、防水燈座1個、子彈型公母接線端子2組（公頭端子2個、護套2個、母頭端子2個、護套2個）、塑膠插頭外蓋1個、圓型端子2個、燈泡1個、C型管夾2個、10mm木螺絲

5　「平行花線」的一端以剝線鉗剝除5mm外皮，露出中間的芯線。

4　自「異徑接頭」起，依40mm直管、「彎頭」、80mm直管、「彎頭」、610mm直管順序進行組裝。

3　「異徑接頭」嵌入「防水燈座」。穿過電線，重疊燈座。

2　「防水燈座」上漆。避免電線處流入塗料，先貼上紙膠帶後再上漆。

1　「PVC塑膠管」以海綿塗上藍色塗料。乾燥後，再隨意塗上棕色，營造鏽蝕感。

10　以「C型管夾」框住塑膠管，使用電鑽鎖上木螺絲，固定於牆面。最後裝上燈泡即完成。

9　打開「插頭」蓋子，將「圓型端子」的圓圈穿入中間螺絲，鎖緊螺絲，蓋上蓋子。

8　使「平行花線」另一端也露出5mm芯線，嵌入「圓型端子」，以「剝線鉗」固定。

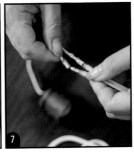

7　「防水燈座」的電線前端也以相同方式嵌入「公頭端子」後，與「母頭端子」連接。

6　安裝「護套」於芯線，再蓋上「母頭端子」，以「剝線鉗」固定。拉開「護套」，蓋住。

仿舊塗裝入門
物件塗裝應用

藉由塗裝加工，
賦予老舊的家具或外型普通的家飾雜貨
新的生命力＆無可取代的手作美感，
盡情發揮你與眾不同的創作巧思吧！

《職人手技·疊刷×斑駁×褪色
仿舊塗裝改造術》

NOTEWORKS◎著
定價：380元

居家空間×家飾雜貨×自然風×個性塗鴉×基本技巧

小成本的
色彩大改造！

《輕鬆油漆刷出手感個性家》
主婦與生活社◎編著
定價：380元

手作 良品 95

小資材DIY我的風格家具
輕工業風x木作x雜貨

編　　　　著／Come home！編輯部
譯　　　　者／楊淑慧
發　行　　人／詹慶和
執　行　編　輯／陳姿伶
編　　　　輯／蔡毓玲・劉蕙寧・黃璟安
執　行　美　編／周盈汝
美　術　編　輯／陳麗娜・韓欣恬
出　版　　者／良品文化館
發　行　　者／雅書堂文化事業有限公司
郵政劃撥帳號／18225950
戶　　　　名／雅書堂文化事業有限公司
地　　　　址／220新北市板橋區板新路206號3樓
電　子　信　箱／elegant.books@msa.hinet.net
電　　　　話／（02）8952-4078
傳　　　　真／（02）8952-4084

2020年11月初版一刷　定價380元

HOME CENTER MANIA GA TSUKURU KAKKOII INTERIOR edited by Come
home! Henshubu Copyright © 2016 SHUFU-TO-SEIKATSU SHA LTD.
All rights reserved.
Original Japanese edition published by SHUFU-TO-SEIKATSU SHA LTD.,
Tokyo
This Complex Chinese language edition is published by arrangement with
SHUFU-TO-SEIKATSU SHA LTD., Tokyo in care of Tuttle-Mori Agency, Inc.,
Tokyo
through Keio Cultural Enterprise Co., Ltd., New Taipei City.

經銷／易可數位行銷股份有限公司
地址／新北市新店區寶橋路235巷6弄3號5樓
電話／（02）8911-0825
傳真／（02）8911-0801

國家圖書館出版品預行編目資料（CIP）資料

小資材DIY我的風格家具：輕工業風×木作×雜貨
/Come home!編輯部編著；楊淑慧譯. – 初版. –
新北市：良品文化館出版：雅書堂文化事業有限
公司發行, 2020.11
　　面；　公分. – (手作良品；95)
ISBN 978-986-7627-30-8(平裝)

1.家具製造 2.工藝美術 3.家庭佈置

422.3　　　　　　　　　　　　　　109017515

STAFF日本原書製作團隊

編輯　　八木優子
採訪　　大野祥子・小山邑子
攝影　　磯金裕之　清永 洋
　　　　松村隆史　三村健二
設計　　pond inc.
校對　　山田久美子
執行　　福島啓子